organizadores
Rogério Menezes
Andrea Cristina de O. Struchel

Gestão ambiental para cidades sustentáveis

oficina de textos

Grafia atualizada conforme o Acordo Ortográfico da Língua Portuguesa de 1990, em vigor no Brasil desde 2009.

CAPA E PROJETO GRÁFICO Malu Vallim
DIAGRAMAÇÃO Douglas da Rocha Yoshida
PREPARAÇÃO DE FIGURAS Beatriz Zupo
PREPARAÇÃO DE TEXTO Natália Pinheiro Soares
REVISÃO DE TEXTO Ana Paula Ribeiro
IMPRESSÃO E ACABAMENTO

Dados Internacionais de Catalogação na Publicação (CIP)
(Câmara Brasileira do Livro, SP, Brasil)

Gestão ambiental para cidades sustentáveis /
Rogério Menezes, Andrea Cristina de O. Struchel,
organizadores. -- São Paulo : Oficina de Textos, 2019.
Vários autores.

Bibliografia.
ISBN 978-85-7975-322-0

1. Desenvolvimento sustentável 2. Gestão ambiental
3. Meio ambiente 4. Planejamento estratégico -
Aspectos ambientais 5. Sustentabilidade I. Struchel,
Andrea Cristina de O. II. Menezes, Rogério.

19-26403 CDD-333.7

Índices para catálogo sistemático:
1. Gestão ambiental e desenvolvimento sustentável :
Economia 333.7

Cibele Maria Dias - Bibliotecária - CRB-8/9427

Rua Cubatão, 798 CEP 04013-003 São Paulo-SP – Brasil
tel. (11) 3085 7933
site: www.ofitexto.com.br
e-mail: atend@ofitexto.com.br

Apresentação

Não existe cidade sustentável sem mobilização da sociedade civil

Você já viu alguma imagem de cidade sustentável sem verde? Faça esse exercício. Veja se em alguma busca na internet você encontra algo que represente esse conceito sem áreas verdes na cidade – acredito que não. Mas só isso não basta.

Uma cidade sustentável não é apenas aquela com uma imagem verde; ela precisa de fato saber equilibrar suas demandas sociais, econômicas e ambientais. Tão importante quanto isso é possuir uma gestão ambiental cada vez mais forte, eficiente e valorizada. Somente assim será possível uma cidade que cuida dos parques e reservas, que coleta, usa e trata sua água corretamente, que conserva suas florestas nativas e restaura áreas degradadas. Tarefa difícil essa, mas possível. E destaco algumas características fundamentais para isso acontecer.

Além da gestão, uma cidade sustentável também passa por uma sociedade ativa e mobilizada. Não se trata de mobilização nas redes sociais, mas do gesto de sociedade civil organizada, que cuida do bem-estar animal, preserva as praças da cidade, monitora os rios, realiza plantios comunitários de árvores. Enfim, uma sociedade organizada e estruturada, mesmo que de formas simples.

Ao realizar todas essas ações, o cidadão se interessa cada vez mais pela gestão da sua cidade, e, quando falamos de meio ambiente, nada é mais importante do que a participação dessas pessoas nos Conselhos Municipais de Meio Ambiente. Se fortalecidos, esses órgãos podem ser peças fundamentais para o futuro do meio ambiente no Brasil. Por isso é tão importante o conhecimento sobre essa estrutura.

Tudo começou nos anos 1980, quando foi criada a Política Nacional de Meio Ambiente, definindo os mecanismos e instrumentos de proteção do meio ambiente no Brasil. Desde então, foi pensado em como levar essas questões para as cidades. Surge aí o Sistema Nacional de Meio Ambiente

(Sisnama), a estrutura adotada para a gestão ambiental no Brasil, formada pelos órgãos e entidades da União, dos Estados, do Distrito Federal e dos Municípios, responsáveis pela proteção, melhoria e recuperação da qualidade ambiental.

Quando foram criadas, essas ferramentas já contribuíam para o conceito de cidade sustentável, mas, na época, até mesmo pela pouca experiência que se tinha no tema, parecia uma utopia – o que para alguns ainda parece ser –, além de serem ferramentas desconhecidas. Hoje, saímos de um cenário de falta de conhecimento para algo cada vez mais participativo, que assim precisa continuar, até mesmo pelo necessário acompanhamento do cumprimento da legislação ambiental.

Há, também, outra instituição que foi fundamental em toda essa história: a Associação Nacional dos Órgãos Municipais de Meio Ambiente (Anamma). Em 1988, ela surgiu para atender à necessidade de se ter uma entidade capaz de fortalecer todo esse movimento municipal e representar as cidades brasileiras no âmbito do Sistema Nacional do Meio Ambiente (Sisnama). Atualmente, a Anamma ocupa seis cadeiras no Conselho Nacional do Meio Ambiente (Conama) e possui representação nas suas Câmaras Técnicas e nas Comissões Tripartite Nacional e Estadual, afirmando-se como protagonista da gestão ambiental municipal.

A atuação da Anamma tem sido pautada pela legítima defesa dos interesses locais na construção de políticas nacionais e na regulamentação de assuntos de grande interesse. Entre eles, a estruturação e resolução de conflitos interinstitucionais na área ambiental, como a aprovação da Resolução Conama nº 237/1997, que regra o licenciamento ambiental, a criação das Comissões Tripartite Nacional e Estaduais, a criação e regulamentação do Sistema Nacional de Unidades de Conservação (Snuc), a luta pela regulamentação do art. 23 da Constituição Federal, por meio da Lei Complementar nº 140/2011, e a aprovação da Política Nacional de Resíduos Sólidos (Lei nº 12.305/2010).

Merece destaque também o papel fundamental da Anamma na defesa do licenciamento ambiental em tempos de tendência de flexibilização desse estratégico instrumento de gestão ambiental, além da defesa de temas integrados com saneamento básico, preservação de áreas naturais, controle de atividades, mudança do clima e outras questões ligadas diretamente à boa gestão ambiental municipal.

Com esse trabalho, a Associação oferece aos Municípios associados o contato com uma rede nacional que desenvolve boas práticas para o fortalecimento da gestão local, fomentando as Anammas estaduais, capacitando os gestores públicos e agregando parceiros.

Acredito que a gestão local para o meio ambiente é uma das principais soluções que temos para um país de fato sustentável. Aquela velha máxima do pensar global e agir local continua valendo, e acho que está cada vez mais forte.

Participamos da criação da Anamma, nos primórdios da Constituição de 1988, e agora vemos um fruto produzido por essa grande árvore de mais de 5.570 Municípios brasileiros: um livro que oferece experiências e soluções locais, reunindo conteúdo técnico e "mão na massa" em vários temas estratégicos para a gestão ambiental local. Plantamos uma árvore para o fortalecimento dos Municípios... aguardemos os frutos!

Mario Mantovani

Diretor de Políticas Públicas da Fundação SOS Mata Atlântica

PREFÁCIO

Dois fenômenos globais refletem diretamente na gestão das cidades: o significativo aumento populacional e a migração das pessoas do campo para as cidades, abandonando a vivência rural para se integrar à urbanidade.

O crescimento populacional e o êxodo rural, atualmente para o entorno dos grandes centros urbanos, potencializam desafios para o gestor público municipal, diante do aumento do uso dos recursos naturais, poluição, demanda por infraestrutura, prestação de serviços à comunidade, impermeabilização do solo, impactos climáticos, entre outros aspectos que, se não forem equacionados, podem interferir nos ecossistemas citadinos e, por decorrência, na saúde e qualidade de vida da população.

Dessa forma, o crescimento exponencial da taxa de urbanização e o aumento da demanda por recursos naturais representam crescentes desafios no presente e no futuro, especialmente para as populações que vivem nas cidades, o que exige dos gestores a busca de soluções criativas e compartilhadas com a sociedade.

No Brasil, aproximadamente 86% da população vive nas zonas urbanas de 5.570 Municípios e, apesar de sermos a sétima economia mundial, ocupamos a quarta posição em desigualdade social na América Latina, com cerca de 28% da população vivendo em favelas, que crescem quatro vezes mais do que a cidade formal. Cerca de 83% dos brasileiros são atendidos com abastecimento de água tratada, mas temos mais de 35 milhões de pessoas sem acesso a tal serviço. Por exemplo, na Região Norte do País, o índice de fornecimento de água é de 56,9%, enquanto na Região Sudeste é de 91,16%, o que configura desafios de ordem ambiental e de saúde pública relevantes.

Adicionam-se a isso as desproporcionalidades na repartição tributária de receitas entre os entes federativos. Esse fenômeno de desigualdade fiscal faz com que os Municípios mantenham baixa capacidade de investimentos e insuficiência para atender às demandas por infraestrutura e serviços públicos, o que os coloca em situação de vulnerabilidade fiscal em relação aos Estados e à União.

Na falta de recursos públicos, os Municípios carecem de parcerias e sinergias entre os setores público, privado, científico e tecnológico. Ademais, precisam estimular a participação comunitária para trocarem informações, experiências e obterem apoio em diversos níveis.

Por tais motivos, as cidades se converteram em protagonistas na busca pela sustentabilidade, ou seja, por um processo de desenvolvimento que satisfaça as necessidades presentes, sem comprometer a capacidade das gerações futuras de suprir suas necessidades. Nesse sentido, o capítulo 7 da Agenda 21 faz referência ao planejamento rural e urbano e recomenda avaliar as atividades humanas, o uso da terra e a ordenação desejada dos espaços dentro dos preceitos de sustentabilidade a partir das dimensões econômica, social, ambiental, política e cultural.

A noção de dimensões, para pensar estratégias de sustentabilidade, é importante para explicitar que o conceito de desenvolvimento ou a noção de progresso não devem ter significado apenas econômico. Na concepção de Sachs (1993, 2002), o conceito de sustentabilidade integra as dimensões ecológica, econômica, social, espacial, cultural, política nacional e política internacional.

Assim, em vista da agenda de 2030, os oito capítulos deste livro, elaborados por profissionais qualificados de diversas áreas da gestão ambiental de Campinas, visam dialogar com os comandos globais, atualmente retratados nos 17 Objetivos do Desenvolvimento Sustentável estabelecidos pela Organização das Nações Unidas (ONU), bem como nas Conferências das Partes (COP) da Convenção-Quadro das Nações Unidas sobre Mudança do Clima (UNFCCC).

Nos Caps. 1 a 4 são apresentados instrumentos de gestão ambiental em nível local. Os Caps. 5, 6 e 7 focalizam áreas temáticas (água, verde e fauna), em que se materializam tanto a condução das políticas públicas específicas como a gestão propriamente dita, para garantir a proteção desses importantes recursos ambientais tanto para a sobrevivência do ser humano quanto para a sua qualidade de vida.

O Cap. 8 traz a lume formas de manuseio de instrumentos de gestão ambiental, bem como oferece, sob um viés crítico e propositivo, caminhos para suplantar dificuldades e desafios comuns dos entes federativos municipais nos contextos interno, externo e metropolitano, a fim de alcançar, na gestão territorial e na sua dinâmica econômica, a interação e as sinergias, em prol da sustentabilidade.

O arcabouço desta obra visa oferecer uma contribuição, pautada por análises interdisciplinares e criativas, da Anamma aos gestores públicos locais, com o intuito de estimular sinergias em um projeto de futuro, partindo das cidades para alcançar toda a Nação, a partir da visão de desenvolvimento econômico-social, econômico e humano em harmonia com a proteção e recuperação do meio ambiente em todas as suas formas.

A todos desejamos uma boa leitura!

Rogério Menezes
Andrea Cristina de O. Struchel

As figuras com o símbolo ◪ são apresentadas em versão colorida no final do livro.

Sumário

1. Gestão por metas e indicadores de sustentabilidade 13

1.1 Contexto geral dos indicadores de sustentabilidade 13
1.2 Experiências nacionais 18
1.3 Considerações finais 31
Referências bibliográficas 32

2. Legislação ambiental municipal no contexto da sustentabilidade .. 34

2.1 Legislação e meio ambiente 34
2.2 Hierarquia das normas 35
2.3 Abrangência normativa do conceito de meio ambiente 36
2.4 Diagnóstico do atual cenário da legislação ambiental 36
2.5 "Glocalismo" ou a importância das iniciativas locais para combater problemas globais 40
2.6 Federalismo brasileiro e a repartição de competências na Constituição na seara ambiental 42
2.7 Algumas experiências locais 50
2.8 Considerações finais 52
Referências bibliográficas 53

3. Municipalização do licenciamento ambiental 55

3.1 Definição de licenciamento ambiental 56
3.2 Histórico do licenciamento ambiental no País 57
3.3 Órgãos licenciadores 60
3.4 Responsabilidade compartilhada entre os entes federativos 64
3.5 Licenciamento ambiental em âmbito municipal 66
3.6 Novos rumos para os Municípios 75
3.7 Licenciamento ambiental como ferramenta de gestão para a cidade sustentável 81
Referências bibliográficas 82

4. Fiscalização ambiental nos Municípios 83

4.1 Fiscalização ambiental e os princípios constitucionais 83
4.2 Fiscalização ambiental e o poder de polícia 85
4.3 Experiências inovadoras de fiscalização ambiental na Administração Pública 89

4.4 Possibilidades e desafios ... 103
Referências bibliográficas ... 104

5. Espaços especialmente protegidos na escala municipal ... 105
5.1 Contextualização e embasamento legal ... 105
5.2 Reconhecimento de espaços territoriais especialmente protegidos no Município e estabelecimento de sistemas municipais ... 111
5.3 Considerações finais ... 124
Referências bibliográficas ... 125

6. Gestão das águas na contemporaneidade e planos municipais ... 126
6.1 Gestão das águas no Brasil ... 128
6.2 Plano Municipal de Recursos Hídricos (PMRH): experiência nas bacias PCJ ... 136
6.3 Considerações finais ... 159
Referências bibliográficas ... 160

7. Gestão da fauna e políticas públicas de proteção e bem-estar animal ... 162
7.1 Domesticação dos animais ... 163
7.2 Animais no contexto das diferentes fases da história da humanidade ... 164
7.3 Filósofos contemporâneos e o surgimento do "direito animal" ... 167
7.4 Utilitarismo animal nos séculos XX e XXI ... 168
7.5 Ciências de crise e a conservação dos animais silvestres ... 172
7.6 Animais domésticos no contexto das cidades modernas brasileiras ... 173
7.7 Experiências locais em formação de política e gestão pública da fauna ... 174
7.8 Considerações finais ... 175
Referências bibliográficas ... 176

8. Planejamento e gestão ambiental para cidades sustentáveis ... 180
8.1 Debate teórico sobre sustentabilidade ... 181
8.2 Contribuições para uma gestão ambiental local em prol da sustentabilidade ... 182
8.3 Considerações finais ... 196
Referências bibliográficas ... 197

Gestão por metas e indicadores de sustentabilidade

1

Cezar Capacle
Juliano Braga
Phillip Cardoso

1.1 Contexto geral dos indicadores de sustentabilidade

1.1.1 Definições de indicadores

Entre as diversas definições de indicadores trazidas pela literatura especializada, pode-se afirmar, de uma forma geral, que eles se referem a uma medida que resume informações importantes sobre determinado fenômeno. Basicamente, a ideia principal é que aquilo que está sendo medido tenha significado maior do que simplesmente o valor associado a essa medição; dessa forma, busca-se sempre se valer dos indicadores para tomada de decisão.

Para a Organisation for Economic Co-operation and Development (OECD, 1993), um indicador deve ser entendido como um parâmetro ou um valor derivado de parâmetros que apontam e fornecem informações sobre o estado de um fenômeno, com uma extensão significativa. Nesse sentido, o indicador não se encerra em si mesmo e deve ser compreendido dentro de um contexto para que seja válido como ferramenta de gestão.

Os indicadores de sustentabilidade, em particular, são aqueles que podem ser considerados os componentes da avaliação do progresso em relação a um desenvolvimento sustentável. Podem ser quantitativos ou qualitativos, sendo os qualitativos usados com mais frequência para avaliação da sustentabilidade, em função das limitações que existem em relação a indicadores simplesmente numéricos. Contudo, em alguns casos, avaliações qualitativas podem ser transformadas em uma notação quantitativa.

1.1.2 A utilização dos indicadores de sustentabilidade

O objetivo dos indicadores é agregar e quantificar informações de modo que sua significância fique mais evidente. Eles simplificam as informações sobre fenômenos complexos, buscando, com isso, melhorar o processo de comunicação.

De acordo com Hammond et al. (1995 apud Van Bellen, 2006), os indicadores podem comunicar ou informar sobre o progresso em direção a uma determinada meta, como, por exemplo, o desenvolvimento sustentável, mas também podem ser entendidos como um recurso que deixa mais perceptível uma tendência ou fenômeno que não seja imediatamente detectável.

A mais importante característica dos indicadores, quando comparados com outros tipos ou formas de informação, é a sua relevância para a política pública e para o processo de tomada de decisão. Para ser representativo, o indicador tem de ser considerado importante tanto pelos tomadores de decisão quanto pelo público (Gallopin, 1996 apud Van Bellen, 2006). Segundo Gallopin (1996 apud Van Bellen, 2006), os indicadores mais desejados são aqueles que simplificam as informações relevantes e fazem com que certos fenômenos se tornem aparentes, o que é um aspecto importante na gestão ambiental. Nessa área, é necessário especificamente que se quantifiquem, se meçam e se comuniquem ações relevantes.

Segundo Tunstall (1994 apud Van Bellen, 2006), as principais funções dos indicadores são: comparação entre lugares e situações; avaliação de condições e tendências em relação às metas e aos objetivos; fornecimento de informação de advertência; e antecipação de futuras condições e tendências.

A utilização dos indicadores de sustentabilidade é bastante ampla, tendo em vista que o próprio conceito de sustentabilidade engloba componentes ambientais, sociais e econômicos. Tomando-se como referência plataformas de reporte de indicadores de sustentabilidade, como o Programa Cidades Sustentáveis, realização conjunta da Rede Nossa São Paulo, da Rede Social Brasileira por Cidades Justas e Sustentáveis e do Instituto Ethos, pode-se afirmar que indicadores de sustentabilidade servem para medir, de maneira mais direta, parâmetros de qualidade ambiental, como a qualidade da água, do ar e de esgoto e resíduos, as emissões de gases de efeito estufa e poluentes, os índices de área verde por habitante, entre outros. Não obstante, os indicadores de sustentabilidade também se dispõem a medir a qualidade de vida de um determinado recorte geográfico de maneira mais abrangente, acolhendo saúde pública, educação, segurança, cultura, mobilidade urbana e planejamento, além de componentes de governança e gestão pública, como participação social, orçamento, fundos municipais e transparência.

Diante desse cenário, é incontestável o papel agregador das diversas iniciativas da Administração Pública que os indicadores de sustentabilidade cumprem na gestão municipal.

1.1.3 Relevância dos indicadores de sustentabilidade

Indicadores são elementos importantes de averiguação da maneira como a sociedade entende seu mundo, toma suas decisões e planeja a sua ação. Podem ser ferramentas de mudança, aprendizado e propaganda. Segundo Van Bellen (2006, p. 45), "a sociedade mede o que ela valoriza e aprende a valorizar aquilo que ela mede".

Um pré-requisito fundamental para a utilização e a aceitação de indicadores é a necessidade de que sejam compreensíveis. Como são meios de comunicação, e toda forma de comunicação requer entendimento entre os participantes do processo, os indicadores devem ser os mais transparentes possíveis, e seus usuários precisam ser estimulados a compreender seu significado dentro de seus próprios valores.

Outro aspecto importante em relação aos indicadores é a participação social, que constitui um elemento fundamental requerido na utilização de indicadores, tanto nas políticas públicas quanto na sociedade civil, reforçando a legitimidade dos próprios indicadores, a construção do conhecimento e a tomada de consciência sobre a realidade ambiental.

Em outro nível, encontram-se os índices de sustentabilidade, que são indicadores que condensam informações obtidas pela agregação de dados. Também são necessários no nível mais alto de tomada de decisão, uma vez que são mais fáceis de entender e utilizar no processo decisório.

A Conferência Internacional da Organização das Nações Unidas sobre Meio Ambiente e Desenvolvimento, realizada no Rio de Janeiro em 1992, adotou a Agenda 21 para transformar a sustentabilidade em uma meta global aceitável. Entre os preceitos dessa agenda, figura a adoção de indicadores que permitam o monitoramento e a avaliação da evolução das estratégias nacionais para o desenvolvimento sustentável.

Ademais, nessa agenda, ressalta-se a importância de informações consistentes para a tomada de decisões e o envolvimento comunitário e individual. Para tanto, faz-se necessário avaliar a disponibilidade, qualidade, coerência, padronização e acessibilidade dos dados que alimentam os indicadores de sustentabilidade e subsidiam os gestores no processo decisório.

1.1.4 Diagnóstico da situação atual

Considerando a relevância dos indicadores para a gestão voltada à sustentabilidade e a já mencionada necessidade de informações de qualidade para a efetiva incorporação desses indicadores, cabe agora avaliar em que situação se encontra a gestão ambiental municipal no que se refere à adoção da gestão por metas e indicadores.

O Brasil possui 5.570 Municípios, sendo que mais de 68% deles compreendem até 20 mil habitantes (IBGE, 2017). Atualmente, apenas 172 cidades são signatárias do Programa Cidades Sustentáveis, um dos programas de indicadores de maior abrangência nacional. Ao mesmo tempo, resultados parciais do censo nacional da Associação Nacional de Órgãos Municipais de Meio Ambiente (Anamma) apontam que mais de 87% dos órgãos ambientais municipais carecem de capacitação básica para seus técnicos.

Diante dessa realidade nacional, torna-se evidente que a incorporação da gestão por metas e indicadores de sustentabilidade esbarra em restrições institucionais, financeiras e técnicas de grande ordem. A capacidade de coleta, avaliação e tratamento de dados consistentes para alimentar programas de indicadores e acompanhar o atendimento de suas metas é restrita, e os atuais indicadores utilizados em âmbito nacional, como o produto interno bruto (PIB), não refletem critérios de sustentabilidade.

Fato é que, a despeito disso, diversos Municípios têm tomado a frente em iniciativas pioneiras de adoção de critérios de sustentabilidade no seu planejamento estratégico. Com a publicação dos Objetivos de Desenvolvimento Sustentável (ODS) pelas Nações Unidas, nota-se o esforço das cidades em traduzir a agenda internacional para a sua realidade local, incorporando metas que contribuem para o atendimento dos ODS em seus planos de governo.

Iniciativas nacionais e internacionais de reporte e acompanhamento de indicadores têm atraído cada vez mais Municípios que se identificam com a proposta de gestão sustentável e se comprometem voluntariamente a adotar seus preceitos e relatar seus resultados. Neste capítulo, avaliam-se os exemplos de diferentes cidades do Brasil e o modo como a gestão por metas e indicadores de sustentabilidade foi fator preponderante para o fortalecimento institucional dos órgãos ambientais e da política ambiental da cidade de maneira geral.

1.1.5 Benefícios da gestão por metas e indicadores de sustentabilidade

A orientação da gestão ambiental municipal por meio de metas e indicadores de sustentabilidade, respeitados os limites de sua utilização, pode prover benefícios para gestores públicos e para a população em diferentes frentes de atuação.

De maneira direta, a atualização periódica dos indicadores permite o acompanhamento do andamento das ações do Município, bem como a avaliação clara acerca de eventuais atrasos e obstáculos ao seu cumprimento. Por meio de uma plataforma de reporte consistente, o gestor tem uma ferramenta para tomada de decisões, cobrança, ações corretivas e solução tempestiva de entraves.

Além de informar o órgão público, a manutenção de indicadores claros e atualizados é um recurso para promover a transparência de informações e o compromisso diante da população. As metas estabelecidas em um plano de governo ganham respaldo quando amparadas por um mecanismo de acompanhamento eficiente, por representar um instrumento de cobrança por parte da população. O gestor, ao assumir o compromisso de reporte com programas de indicadores que disponibilizam os dados publicamente, dá um passo importante para uma gestão participativa e engajada, convidando a população a fazer parte do atendimento das metas estabelecidas.

Um conjunto sólido de indicadores funciona ainda como balizador das ações do Município. Muitos indicadores atualmente disponíveis para os Municípios brasileiros advêm de iniciativas e programas estabelecidos em outras esferas de governo. Ao se vincular a um ou mais desses programas, o gestor municipal, a fim de atender às exigências estabelecidas, prioriza as iniciativas que contemplem os critérios daqueles programas. Dessa forma, o reporte de indicadores a programas externos permite ao Município estabelecer critérios de priorização das atividades em curso, bem como avaliar a inserção de novas demandas advindas de tais compromissos.

É possível mesmo afirmar que determinados programas de indicadores cumprem um papel análogo a um manual de procedimentos para a gestão municipal sustentável. De certo, em uma situação hipotética, em que um gestor precise iniciar hoje a estruturação de seu órgão ambiental, o cumprimento das diretivas de programas de indicadores de sustentabilidade pode ser um caminho eficaz — e comprovado pela experiência prévia de outros Municípios — de atingir esse intento.

Para os órgãos ambientais já estabelecidos, a gestão por metas e indicadores de sustentabilidade se presta ao fortalecimento institucional do órgão e à ampliação de seu papel na administração municipal. Devido ao caráter intrinsecamente transversal do tema de sustentabilidade, o atendimento a contento dos parâmetros ditados por programas de indicadores só se faz possível diante de uma situação em que o órgão ambiental deixa de ter atuação apenas setorial e passa a fazer parte do cerne da gestão municipal, articulando-se com os demais órgãos da administração para obtenção e atualização de informações. De fato, a assunção de compromissos de reporte por parte do órgão ambiental é argumento para o fortalecimento do seu papel no governo, bem como para a incorporação de critérios de sustentabilidade por todos os setores da Administração Pública.

1.2 Experiências nacionais

1.2.1 Reporte de Municípios a órgãos estaduais

Programa Município VerdeAzul

O Programa Município VerdeAzul (PMVA) foi lançado em 2007 pelo Governo do Estado de São Paulo, por meio da então Secretaria de Estado do Meio Ambiente – SMA, hoje Secretaria de Infraestrutura e Meio Ambiente do Estado de São Paulo. Ele tem como objetivo incentivar e avaliar a gestão ambiental nos Municípios paulistas. Por isso, o PMVA auxilia as prefeituras na elaboração e execução de políticas públicas estratégicas para o desenvolvimento sustentável. A participação dos Municípios depende da indicação de um servidor interlocutor e um suplente. Anualmente, a Secretaria de Infraestrutura e Meio Ambiente do Estado de São Paulo divulga um *ranking* ambiental dos Municípios, em que constam os 645 Municípios signatários do programa. Esse *ranking* é o resultado do Índice de Avaliação Ambiental (IAA), que leva em conta a eficácia das ações realizadas ao longo de um ciclo e os passivos ambientais do Município. Essas ações são agrupadas em dez diretivas norteadoras da agenda ambiental local, abrangendo os seguintes temas estratégicos: esgoto tratado, resíduos sólidos, biodiversidade, arborização urbana, uso do solo, Município sustentável, gestão das águas, qualidade do ar, estrutura e educação ambiental e conselho ambiental.

Como uma forma de reconhecimento, o PMVA concede um certificado aos Municípios que atingem uma nota superior a 80 pontos e, para os melhores

Municípios de cada Unidade de Gerenciamento de Recursos Hídricos (UGRHI), é dado o prêmio Governador André Franco Montoro, que é uma homenagem ao criador do Conselho Estadual do Meio Ambiente (Consema) e defensor da descentralização administrativa e fortalecimento dos Municípios. Os Municípios certificados têm prioridade na captação de recursos financeiros junto ao Fundo Estadual de Prevenção e Controle da Poluição (Fecop).

Dessa forma, no âmbito do Estado de São Paulo, o Programa Município VerdeAzul serviu a diversos Municípios como um balizador de políticas públicas na área ambiental.

O Município de Campinas é um dos que demonstrou um significativo avanço no programa nos últimos anos. Em 2012, Campinas estava em 220° lugar no *ranking*, com 61,17 pontos, por causa da falta de coordenação e de metodologia. Diante desse cenário, o chefe do Poder Executivo Municipal criou um grupo de trabalho específico para o Programa Município VerdeAzul (GT-PMVA), sob coordenação da Secretaria do Verde, Meio Ambiente e Desenvolvimento Sustentável (SVDS). Por conseguinte, Campinas foi certificada pelo Programa Município VerdeAzul entre os anos de 2013 e 2017, atingindo a pontuação recorde de 93,70 pontos em 2016 e a quinta posição no *ranking* geral do Estado de São Paulo em 2017, que foi a melhor conquista do Município no programa. Além disso, a partir dessa pontuação, manteve o primeiro lugar na Região Metropolitana de Campinas (RMC) e conquistou o primeiro lugar entre os Municípios da Bacia Hidrográfica dos rios Piracicaba, Capivari e Jundiaí (PCJ) e entre as cidades com mais de 500 mil habitantes do Estado de São Paulo (Fig. 1.1).

Com a priorização do PMVA, através da criação do grupo de trabalho sob a coordenação da Secretaria do Verde, Campinas adotou uma postura pragmática, solicitando a participação ativa das instituições que compõem a Administração Pública municipal. As parcerias foram sendo consolidadas ao longo dos últimos anos, e essa abordagem, somada à adequada gestão das informações, veio a se tornar um diferencial do Município.

Após os expressivos resultados obtidos nos últimos anos, Campinas continua trabalhando para manter o patamar acima de 90 pontos no *ranking* do programa, propondo ações e documentos normativos que atendam aos critérios estabelecidos pela Secretaria de Estado do Meio Ambiente. Para a população de Campinas, a participação do Município no programa e o atendimento das diretrizes exigidas permitiram o avanço na legislação, a elaboração de programas que de outra forma poderiam não ter sido prioriza-

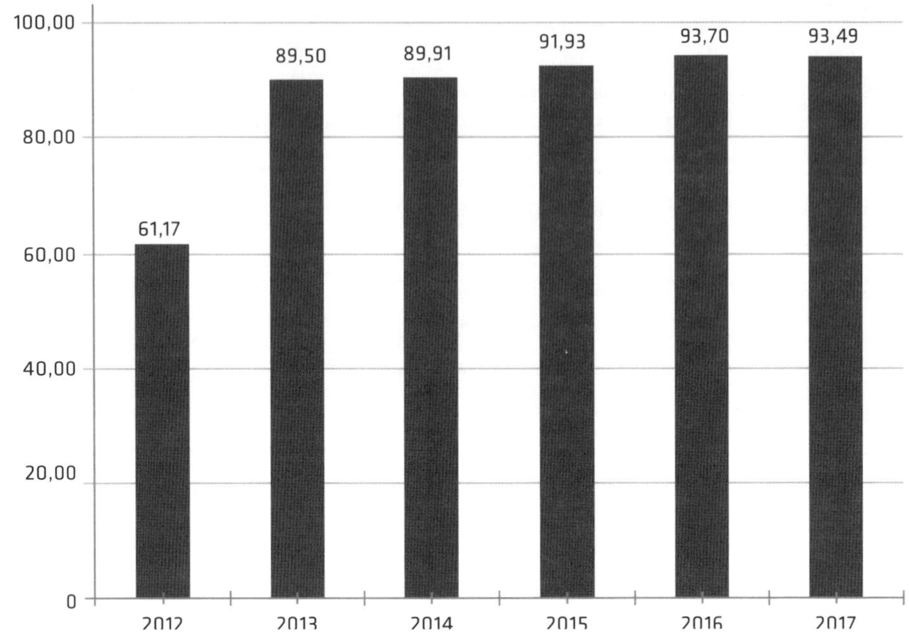

Fig. 1.1 *Evolução da pontuação de Campinas no PMVA*
Fonte: SVDS (2017).

dos, a oportunidade de realização de ações conjuntas com cidades vizinhas, o desenvolvimento de ações de educação ambiental, entre outros ganhos práticos.

O Município de Botucatu, quarto colocado em 2017, também apresentou uma experiência de êxito. Saindo da 57ª posição em 2011, Botucatu alcançou o primeiro lugar em 2012 e 2014, e se manteve entre os cinco primeiros colocados desde então. Mais de uma dezena de suas iniciativas para o programa receberam destaque pelos organizadores no Banco de Ideias disponibilizado no *site* oficial (PMVA, s.d.).

Entre essas atividades, a gestão de resíduos sólidos merece destaque com o programa Coletas Online. O Coletas Online é um sistema *on-line* de cadastro de geradores e transportadores de resíduos da construção civil que permite o rastreamento do transporte, desde a fonte geradora até o destino final. Como principal resultado, segundo o relatório de 2016 do PMVA, destaca-se a diminuição dos custos municipais em limpeza decorrente de descartes irregulares.

A cidade de Sorocaba é um exemplo de Município que utilizou o Programa Município VerdeAzul como eixo de estruturação do seu órgão ambiental municipal. De 2010 a 2016, Sorocaba foi a única cidade a se manter entre os dez primeiros colocados, após sair da 118ª posição em 2008. Com uma Secretaria de Meio Ambiente jovem, as diretivas do PMVA foram norteadoras das políticas públicas adotadas pelo Município, como, por exemplo, o Plano de Arborização Urbana 2009-2020, que recebeu destaque no *site* oficial do PMVA. Conforme o relatório de 2018 desse programa, o plano apresenta como meta plantar 678.873 árvores na área urbana até 2020.

A cidade ainda ganhou evidência com o Programa Refúgios da Biodiversidade, experiência apresentada no seminário Ações Locais pela Biodiversidade no Estado de São Paulo: Desafios e Perspectivas, que contou com a participação do PMVA. O programa visa identificar locais que atendem aos critérios estabelecidos a fim de nomeá-los Refúgios da Biodiversidade, onde seriam realizadas intervenções para garantir a manutenção e proteção das espécies desses locais. No primeiro ano do programa, foram implantados 29 refúgios e plantadas 12.500 mudas de espécies nativas, de acordo com o relatório do PMVA de 2016.

Índice de Efetividade da Gestão Municipal

O Índice de Efetividade da Gestão Municipal (IEGM/TCESP) é um indicador de desempenho do Tribunal de Contas do Estado de São Paulo. Ele é composto por sete índices setoriais utilizados para avaliar a implementação de políticas públicas e baseados na metodologia de metas Smart (*specific, measurable, achievable, relevant* e *time-bound*), ou, em português: específico, mensurável, atingível, relevante e de tempo definido. O IEGM subsidia o controle externo das ações municipais, permite comparar o desempenho entre Municípios com características similares e identifica as melhores práticas da Administração Pública municipal. As informações são fornecidas pelo próprio Município e são validadas pelo Tribunal de Contas, por amostragem (IEGM/TCESP, s.d.).

Os sete índices setoriais são divididos em áreas temáticas, tais como: educação (i-Educ), saúde (i-Saúde), planejamento (i-Planejamento), fiscal (i-Fiscal), meio ambiente (i-Amb), cidade (i-Cidade) e governança de tecnologia da informação (i-Gov TI). Esses itens avaliam uma série de informações do Município, entre as quais: infraestrutura escolar, qualificação de professores, equipes de Saúde da Família, cobertura das campanhas de vacinação, metas alcançadas, recursos empregados, transparência da administração municipal, plano de contingência, uso dos recursos de tecnologia da informação em favor da sociedade etc. Os resultados são publicados por faixas, de acordo com a metodologia disponível no *site* da instituição (https://iegm.tce.sp.gov.br/help.html), para cada índice setorial. No Quadro 1.1, há a nota, a descrição da faixa que ela representa e o seu critério.

Quadro 1.1 Nota, descrição da faixa que ela representa e seu critério de estipulação

Nota	Faixa	Critério
A	Altamente efetiva	IEGM com pelo menos 90% da nota máxima e, no mínimo, cinco índices com nota A
B+	Muito efetiva	IEGM entre 75% e 89,9% da nota máxima
B	Efetiva	IEGM entre 60% e 74,9% da nota máxima
C+	Em fase de adequação	IEGM entre 50% e 59,9% da nota máxima
C	Baixo nível de adequação	IEGM menor ou igual a 49,9%

Nota: o IEGM/TCESP possui cinco faixas de resultados, definidas em função das notas obtidas nos sete índices setoriais.
Fonte: TCESP (s.d.).

Para a definição final da faixa de resultados, além dos critérios citados no Quadro 1.1, outros três fatores serão observados: (i) para ser classificado na faixa A, o Município precisa de pelo menos cinco notas A, das sete possíveis; (ii) caso a prefeitura não atinja a aplicação de 25% do seu orçamento na área da Educação, o Município perderá um grau na nota; e (iii) o Município será realocado para a faixa C quando não observar o art. 29-A da Constituição Federal, que trata das despesas do Poder Legislativo Municipal.

Todas as regiões administrativas do Estado de São Paulo possuem média B no IEGM. Nenhum Município conseguiu atingir o índice A em nenhum ciclo do programa, e são poucos aqueles que alcançaram B+. Os resultados apresentados nos últimos ciclos servem como um diagnóstico da gestão municipal e uma ferramenta para a tomada de decisão quanto à priorização de ações no planejamento. O desempenho de Campinas pode ser observado na Fig. 1.2.

No IEGM, a gestão ambiental é abarcada no Índice Municipal do Meio Ambiente (i-Amb), que mede o resultado das ações relacionadas a saneamento básico, estrutura e educação ambiental. No ano de 2016, a Região

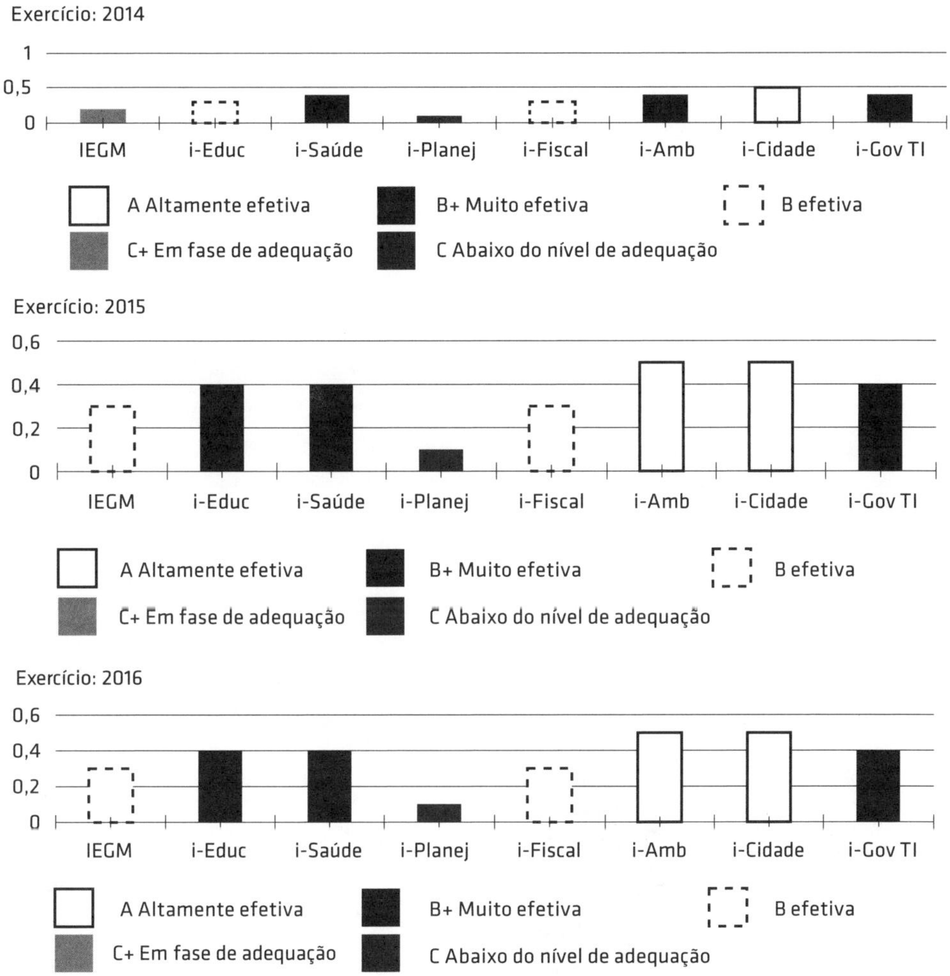

Fig. 1.2 *Desempenho do Município de Campinas nos exercícios de 2014 a 2016*
Fonte: TCESP (s.d.).

Administrativa de Campinas (RA de Campinas) teve um desempenho médio na faixa B (efetiva), conforme ilustrado na Fig. 1.3.

Em 2016, entre os oito Municípios com população acima de 200.000 habitantes, só três conseguiram a nota máxima no i-Amb (Campinas, Indaiatuba e Piracicaba). Considerando todas as cidades de porte grande do Estado, apenas 15 são julgadas "altamente efetivas". Mesmo assim, na média, a gestão ambiental municipal tem se destacado mais nos Municípios maiores. A Fig. 1.4 destaca o desempenho de todos os Municípios do Estado no i-Amb e uma média por porte.

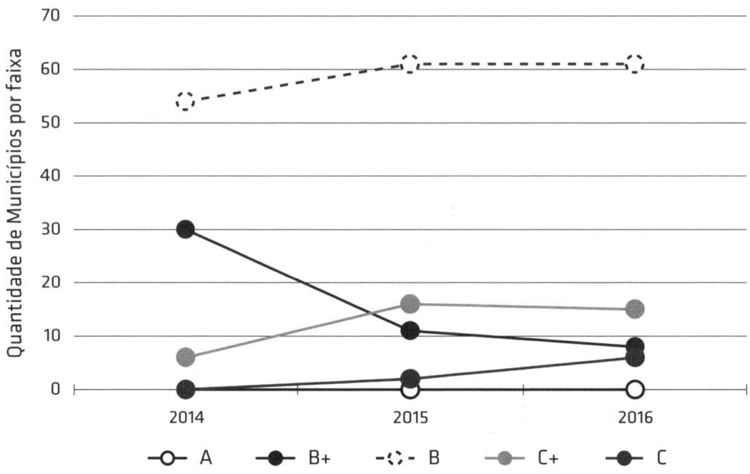

Fig. 1.3 *Desempenho da Região Administrativa de Campinas nos exercícios de 2014 a 2016*

Fonte: TCESP (s.d.).

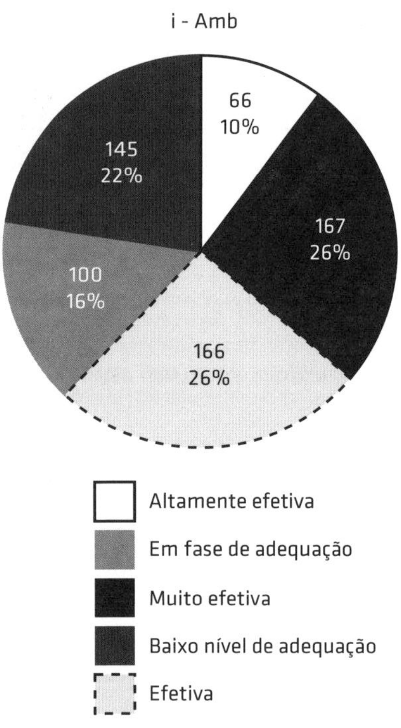

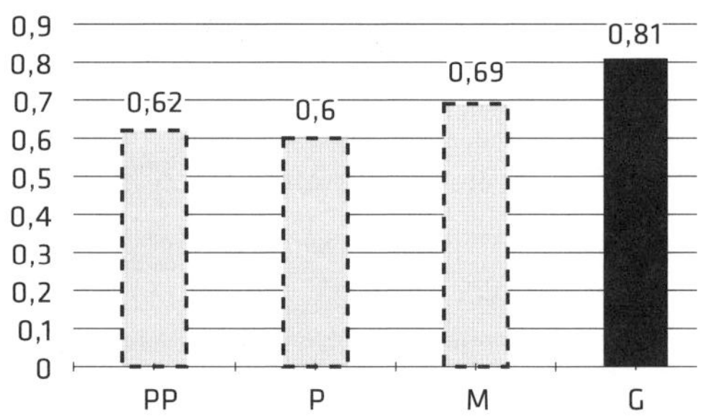

Porte Muito Pequeno: até 5.000 habitantes
Porte Pequeno: entre 5.001 e 20.000 habitantes
Porte Médio: entre 20.001 e 200.000 habitantes
Porte Grande: acima de 200.000 habitantes

Fig. 1.4 *Desempenho dos Municípios no i-Amb e a média por porte*

Fonte: TCESP (s.d.).

Entre todos os Municípios avaliados em 2016, 84% possuíam estrutura para tratar de assuntos ambientais. A maior parte dos Municípios tinha o seu plano municipal de saneamento (59%), e apenas 11% não haviam elaborado o seu plano municipal de gestão integrada de resíduos sólidos. No que diz respeito às ações, 78% das administrações desenvolviam ou participavam de algum programa voltado à melhoria contínua da qualidade ambiental, como o Programa Município VerdeAzul.

Assim, os indicadores ambientais do Tribunal de Contas do Estado de São Paulo apontam caminhos para uma gestão ambiental municipal eficiente. Um desses caminhos é o estabelecimento de uma estrutura ambiental dentro da Administração Pública, de preferência no primeiro escalão do governo local. Sem essa estrutura, os assuntos ambientais tendem a permanecer em segundo plano, sem o devido orçamento para a contratação de pessoal qualificado, o que impede avanços mais significativos.

Com a abertura de uma pauta ambiental em alta posição no governo, passa-se à etapa seguinte: o planejamento ambiental, que permite identificar os problemas e estabelecer as prioridades. A partir dessa etapa, são definidas as metas e os indicadores, que servem para verificar se o governo local está ou não alinhado com aquilo que considerou importante durante a elaboração dos planos ambientais. O plano de saneamento básico, por exemplo, ilustra bem essa importância, pois monitora a coleta e o tratamento de efluentes, além do acesso à água potável nas regiões mais pobres. Pesquisas com os indicadores informam que há uma correlação entre o investimento em saneamento básico e o decréscimo do número de internações hospitalares por doenças gastrointestinais (Trata Brasil, s.d.), o que evidencia o caráter estratégico do planejamento ambiental, que pode afetar outras áreas, como, nesse caso, a saúde.

Por fim, a melhoria contínua da qualidade ambiental impulsiona a contratação e a capacitação de pessoal e o aprimoramento dos processos internos da instituição, e também incentiva o desenvolvimento de novos projetos ambientais.

1.2.2 Reporte de Municípios ao terceiro setor

Programa Cidades Sustentáveis

O Programa Cidades Sustentáveis (PCS) foi criado a partir da percepção de que os centros urbanos são o lugar ideal para fomentar a transição para um desenvolvimento sustentável que integre as dimensões social, ambiental e ética, baseado em uma economia que seja inclusiva, verde e responsável. O programa reúne uma série de ferramentas que contribuem para que governos e sociedade civil promovam o desenvolvimento sustentável nos Municípios brasileiros.

Uma realização da Rede Nossa São Paulo, da Rede Social Brasileira por Cidades Justas e Sustentáveis e do Instituto Ethos, o programa oferece uma plataforma que funciona como uma agenda para a sustentabilidade, incorporando de maneira integrada as dimensões social, ambiental, econômica, política e cultural e abordando as diferentes áreas da gestão pública em 12 eixos temáticos. A cada um deles estão associados indicadores, casos exemplares e referências nacionais e internacionais de excelência (PCS, s.d.).

Em 2016, o Programa Cidades Sustentáveis incorporou as metas e os indicadores dos Objetivos de Desenvolvimento Sustentável e da COP-21, principalmente aqueles que podem ser implementados em nível municipal e regional – justamente onde as prefeituras têm o protagonismo central dessa governança.

Ao longo de sua existência, o Programa Cidades Sustentáveis premiou em duas oportunidades os Municípios que se destacaram na gestão da sustentabilidade. Em 2014, o PCS buscou incentivar nos Municípios a criação, manutenção e atualização de observatórios que contivessem indicadores, programas de metas e informações relevantes sobre políticas públicas voltadas à qualidade de vida e ao desenvolvimento sustentável. Goiânia (GO), Sorocaba (SP), Canoas (RS) e Quatro Pontes (PR) foram os grandes vencedores da primeira edição. Os critérios para avaliação foram: qualidade e confiabilidade dos dados, quantidade de dados preenchidos, quantidade de novos indicadores cadastrados, adequação do programa de metas aos novos indicadores, adoção de indicadores regionalizados, quantidade de anos da série histórica dos indicadores, divulgação e comunicação dos dados para a sociedade, formato de apresentação dos dados e modelos de transparência.

Os Municípios de Goiânia, vencedor na categoria metrópole, e Sorocaba, vencedor na categoria cidade grande, implementaram Observatórios Sociais em suas cidades, valendo-se da mesma plataforma — o Observatório Social do Brasil. Essa iniciativa faz parte de uma rede formada por voluntários e visa a melhoria da gestão pública nas cidades brasileiras. Cada Observatório Social é formado por uma rede que promove o exercício da cidadania, da transparência e da qualidade na aplicação dos recursos públicos. O principal benefício dessa iniciativa é a participação do cidadão no acompanhamento da gestão municipal, que, valendo-se de ferramentas eficientes e procedimentos padronizados de fiscalização e controle dos gastos públicos, é capaz de avaliar as iniciativas da Administração Pública.

Além dos Municípios premiados, cabe destacar as iniciativas de criação de observatórios de indicadores em outras cidades do Brasil, tais como Santos, Porto Alegre e São Paulo. A cidade de São Paulo apresenta uma plataforma que reúne indicadores capazes de mensurar a qualidade de vida da população e visualizar os indicadores de desempenho da prefeitura. Além disso, esse Município oferece um espaço para publicação de estudos e pesquisas e participação popular no debate sobre os indicadores (ObservaSampa, s.d.).

A participação no PCS abre uma oportunidade de articulação com diversos atores municipais em âmbitos nacional e internacional. A manutenção dos indicadores com dados confiáveis e atualizados e a proximidade com os trabalhos realizados pelos promotores do programa permitem o acesso a projetos internacionais e a capacitação dos técnicos municipais em questões como a mudança do clima, além do favorecimento da transversalidade do tema da sustentabilidade nos diversos órgãos da Administração, tendo em vista que os indicadores do programa extrapolam a questão estritamente ambiental e incorporam variáveis como saúde, educação, segurança, mobilidade, cultura, entre outras.

CDP Cities

O CDP Cities (Projeto de Divulgação de Índices de Carbono para Cidades, em uma tradução livre) é uma plataforma global de relatório voluntário de mudanças climáticas oferecido para os governos municipais. O programa oferece a oportunidade de divulgação das emissões dos gases de efeito estufa, dos riscos de mudanças climáticas e das estratégias de adaptação adotadas em âmbito municipal por meio de uma ferramenta *on-line* de registro.

Por meio dessa plataforma, os Municípios participantes têm a possibilidade de acompanhar as experiências de enfrentamento da mudança do clima adotadas por Municípios do Brasil e do mundo. O CDP também promove capacitações e oficinas, eventos nos quais os representantes das cidades têm a oportunidade de nivelar o seu conhecimento, aprender novas metodologias e estar em contato com uma rede de gestores preocupada com a questão da mudança do clima.

Desde 2012, Campinas (SP) é convidada pela coordenação do CDP a apresentar o seu relatório. Em 2015, Campinas alcançou maior solidez nas informações prestadas, devido ao amadurecimento da temática nos projetos desenvolvidos pela secretaria e à dinâmica de trabalho adotada pelo grupo técnico responsável, pautada no amplo debate do questionário proposto pelo CDP. Coroando a participação de Campinas, as ações da cidade foram objeto de destaque no vídeo produzido pelo CDP, anunciando os resultados do ciclo 2015. Em um evento realizado em novembro em Campinas, o prefeito da cidade ressaltou a preocupação da gestão com a questão ambiental, por meio da promoção de ações de baixo carbono e incentivos ao consumo consciente.

O Município de Belo Horizonte (MG) foi outro destacado no relatório final do ciclo 2015. A capital mineira informa ao CDP Cities todas as ações que toma em relação às mudanças climáticas, sejam elas de resiliência, mitigação ou adaptação. Por meio desses dados, os gestores podem verificar o cumprimento de metas previamente estabelecidas. Na ocasião, a cidade ressaltou a importância do reporte a essa plataforma como uma estratégia de transparência para as comunidades nacional e internacional. Uma das iniciativas reportadas pela cidade foi o plantio de mais de 54.000 mudas de árvores, visando a mitigação das emissões de gases de efeito estufa.

A cidade do Rio de Janeiro (RJ) também fez parte do relatório final do ciclo 2015. A capital carioca destacou a importância de iniciativas como o CDP e o Pacto dos Prefeitos para ajudar as cidades a atingir as suas metas climáticas e trocar experiências. Para um Município notadamente vulnerável aos efeitos da mudança do clima, o alinhamento dos seus gestores com iniciativas dessa natureza permite que a cidade esteja preparada e resiliente.

O compromisso assumido com o CDP e o envolvimento com o programa permitem que as cidades alcem uma posição de destaque nacional no enfrentamento da mudança do clima. Para a construção da política municipal de mudança do clima, a experiência advinda do intercâmbio com a equipe do CDP e com outros Municípios que já passaram por esse processo tem se mostrado valiosa para a construção sólida de uma política pública moderna e eficiente.

1.2.3 Reporte de Municípios a entes internacionais

Pacto Global de Prefeitos pelo Clima e a Energia

O Pacto Global de Prefeitos pelo Clima e a Energia é uma aliança mundial de prefeitos e líderes locais comprometidos com a ação climática. O intuito é acelerar iniciativas climáticas e energéticas ambiciosas e mensuráveis que levem a um futuro inclusivo, justo, com baixas emissões e resiliente ao clima, ajudando a atingir e superar os objetivos do acordo de Paris.

O compromisso com o Pacto Global de Prefeitos prevê a implementação de políticas e medidas para reduzir as emissões de gases de efeito estufa, o preparo para os impactos das mudanças climáticas e o aumento do acesso à energia sustentável, além do acompanhamento do progresso em direção a esses objetivos.

Por meio desse compromisso público, a cidade sinaliza seu intento de contribuir com os compromissos nacionais relevantes definidos pela Contribuição Nacionalmente Determinada da UNFCCC e, assim, junto à aplicação de outras iniciativas, como o relatório do CDP, fortalece a agenda climática em âmbito municipal.

No Brasil, até o momento, 61 cidades são signatárias do Pacto. Apesar de esse grupo ser composto majoritariamente por cidades médias e grandes, cabe destacar que 15 desses Municípios possuem menos de 50.000 habitantes. As cidades brasileiras presentes na plataforma ainda não registraram suas metas de redução de emissões de gases de efeito estufa, tampouco os riscos levantados relacionados à mudança do clima. No entanto, as cidades têm tomado diversas iniciativas nessa esfera ao longo dos últimos anos.

Para o Município de Recife (PE), a adesão ao Pacto reforça a Política de Sustentabilidade e de Enfrentamento das Mudanças Climáticas, firmada em 2014. A medida estabelece ações de enfrentamento à mudança do clima e também a elaboração de inventários de emissão de gases de efeito estufa. Além disso, a prefeitura possui desde 2015 metas de mitigação das emissões de gases de efeito estufa para os anos de 2017 e 2020, e atua na implementação do Plano de Redução de Emissões de Gases do Efeito Estufa (GEE) – Recife Sustentável e de Baixo Carbono (Recife, 2016).

No âmbito do programa Urban Leds do ICLEI – a maior rede global de Municípios comprometidos com a sustentabilidade –, a cidade de Sorocaba também assumiu o compromisso com o Pacto Global de Prefeitos. O Município já elaborou a sua política municipal de mudanças climáticas e o seu plano de baixo carbono, e está trabalhando junto ao ICLEI para acelerar as ações climáticas por meio de estratégias de desenvolvimento urbano de baixo carbono.

Desde 2015, Campinas é signatária do Pacto Global de Prefeitos e tem trabalhado para o atendimento do compromisso, iniciando pela elaboração de um inventário de emissões de gases de efeito estufa em escala municipal e metropolitana e uma avaliação de riscos climáticos e vulnerabilidades. Esse inventário deverá contemplar objetivos ambiciosos, mensuráveis e com limite de tempo para reduzir as emissões de gases de efeito estufa, bem como subsidiar a elaboração de um plano para abordar mitigação e adaptação à mudança do clima e acesso sustentável à energia, incluindo provisões para avaliações e revisões regulares.

WCCD e ISO 37120

O World Council on City Data (WCCD ou Conselho Mundial sobre Dados de Cidades, em português) é o líder global em dados de cidade padronizados, que objetiva criar cidades inteligentes, sustentáveis, resilientes e prósperas. O WCCD cria uma rede de cidades comprometidas com a melhora dos serviços e da qualidade de vida de sua população, e fornece uma plataforma consistente e abrangente para métricas urbanas padronizadas, disponibilizando dados abertos das cidades que fazem parte de sua rede. Além disso, o WCCD permite iniciativas criativas de cooperação para aprendizado entre cidades, organizações internacionais e parceiros corporativos e acadêmicos para promover inovações, vislumbrar futuros alternativos e construir cidades melhores e mais habitáveis.

Pela posição de destaque que ocupa em relação a métricas padronizadas, o WCCD está implementando a *ISO 37120: desenvolvimento sustentável de comunidades – indicadores para serviços urbanos e qualidade de vida* (ABNT, 2017). Essa ISO será o novo padrão internacional de sustentabilidade para cidades, desenvolvido, impulsionado e criado por elas mesmas. A ISO 37120 define e estabelece metodologias para um conjunto de indicadores que visam orientar e medir o desempenho dos serviços municipais e a qualidade de vida de uma cidade. A norma inclui um conjunto abrangente de cem indicadores que medem os desempenhos social, econômico e ambiental de uma cidade, organizados sob 17 temas (WCCD, 2017).

A estrutura da ISO 37120 foi testada por 20 cidades-piloto ao redor do mundo, de modo a garantir a construção de um sistema de indicadores padronizado que fizesse sentido para os gestores municipais. Na América do Sul, Bogotá e Buenos Aires participaram dessa iniciativa. Em 2018, Campinas (SP) tornou-se a primeira cidade brasileira associada ao WCCD e, com isso, juntou-se a outras cem cidades em todo o mundo que se comprometeram a levantar seus dados e disponibilizá-los publicamente na plataforma global.

Esses indicadores padronizados permitem às cidades avaliar seu desempenho, medir seu progresso ao longo do tempo e também extrair lições com base na comparação com outras cidades, tanto em âmbito local como global. As cidades encontram na ISO 37120 um conjunto de indicadores globalmente padronizados para gerir e tomar decisões informadas através da análise de dados, permitir a alavancagem de financiamento de suas ações, planejar e estabelecer novos padrões para o desenvolvimento urbano sustentável e avaliar o impacto dos projetos de infraestrutura no desempenho geral de uma cidade, visando o bem-estar da população.

1.3 Considerações finais

O empoderamento de um órgão de meio ambiente pode advir de compromissos assumidos junto a instituições que discutem a pauta ambiental, em níveis nacional e internacional. Na Administração Pública, a demanda e o compromisso público são fundamentais para que determinado assunto receba a devida atenção. Todavia, esse comprometimento deve levar em conta a infraestrutura e os recursos humanos disponíveis, para que as potencialidades não se tornem obstáculos ao fortalecimento institucional da pasta.

A visibilidade e a transparência das informações ambientais podem dar o capital político necessário à gestão ambiental municipal. Com os compromissos assumidos, os esforços devem estar voltados para a execução e divulgação das ações, para que os resultados positivos apareçam o quanto antes, seja por meio das mídias sociais, seja por meio de notícias no *site* da prefeitura. Essa visibilidade leva o tema à opinião pública e, de certa forma, justifica os investimentos de tempo e recursos humanos.

O órgão responsável pela gestão ambiental pode utilizar a agenda ambiental para criar e fortalecer os seus laços com outras instituições da Administração Pública municipal. Raramente o órgão da gestão ambiental detém todos os serviços e informações ambientais; muitas das vezes, a Secretaria de Meio Ambiente ocupa um papel intermediário na estrutura organizacional da prefeitura. Nesse cenário, a interação com outras pastas é fundamental para o atendimento pleno dos objetivos.

Assim, esse capítulo buscou explicitar mecanismos para uma gestão ambiental orientada por resultados, destacando a importância dos reportes e indicadores, que são requisitos-chave para orientar e dar visibilidade e eficiência às ações governamentais.

Referências bibliográficas

ABNT – ASSOCIAÇÃO BRASILEIRA DE NORMAS TÉCNICAS. *NBR ISO 37120:2017*: desenvolvimento sustentável de comunidades – indicadores para serviços urbanos e qualidade de vida. 2017.

GALLOPIN, G. C. Environmental and sustainability indicators and the concept of situational indicators: a system approach. *Environmental Modelling & Assessment*, v. 1, p. 101-117, 1996.

HAMMOND, A. et al. *Environmental indicators*: a systematic approach to measuring and reporting on environmental policy performance in the context of sustainable development. Washington, DC: World Resources Institut, 1995.

IBGE – INSTITUTO BRASILEIRO DE GEOGRAFIA E ESTATÍSTICA. *Estimativas de população*. 2017. Disponível em: <www.ibge.gov.br>. Acesso em: 1º mar. 2018.

IEGM/TCESP. Índice de Efetividade da Gestão Municipal da Região Administrativa de Campinas. [s.d.]. Disponível em: <https://iegm.tce.sp.gov.br/indexRegiao.html#Campinas#>. Acesso em: 27 fev. 2018.

OBSERVASAMPA. Prefeitura Municipal de São Paulo. *ObservaSampa*. [s.d.]. Disponível em: <http://observasampa.prefeitura.sp.gov.br/>. Acesso em: 16 out. 2018.

OECD – ORGANISATION FOR ECONOMIC CO-OPERATION AND DEVELOPMENT. *OECD core set of indicators for environmental performance reviews*: a synthesis report by the group on the state of the environment. Paris: OECD, 1993. 39 p. Environment Monographs, 83. Disponível em: <https://www.oecd.org/env/indicators-modelling-outlooks/24993546.pdf>. Acesso em: 28 jun. 2018.

PCS – PROGRAMA CIDADES SUSTENTÁVEIS. *Indicadores*. [s.d.]. Disponível em <https://indicadores.cidadessustentaveis.org.br/>. Acesso em: 16 out. 18.

PMVA – PROGRAMA MUNICÍPIO VERDEAZUL. *Banco de ideias*. [s.d.]. Disponível em: <http://verdeazuldigital.sp.gov.br/site/banco-de-ideias/>. Acesso em: 28 fev. 2018.

RECIFE. Prefeitura Municipal do Recife. *Plano de Redução de Emissões de Gases do Efeito Estufa (GEE) – Recife Sustentável e de Baixo Carbono*. 2016. Disponível em: <http://www2.recife.pe.gov.br/sites/default/files/plano_de_baixo_co2_recife.pdf>. Acesso em: 16 out. 18.

SVDS – SECRETARIA MUNICIPAL DO VERDE, MEIO AMBIENTE E DESENVOLVIMENTO SUSTENTÁVEL DE CAMPINAS (SP). *Relatório de atividades*. 2017. Disponível em: <http://campinas.sp.gov.br/governo/meio-ambiente/relatorio-atividades.php>. Acesso em: 28 fev. 2018.

TCESP – TRIBUNAL DE CONTAS DO ESTADO DE SÃO PAULO. *IEGM/TCESP*: Índice de Efetividade da Gestão Municipal. [s.d.]. Disponível em: <https://iegm.tce.sp.gov.br/help.html>. Acesso em: 27 fev. 2018.

TRATA BRASIL. *Saúde*. [s.d.]. Disponível em: <http://www.tratabrasil.org.br/saneamento/principais-estatisticas/no-brasil/saude>. Acesso em: 16 out. 2018.

TUNSTALL, D. Developing and using indicators of sustainable development in Africa: an overview. Prepared for the Network for Environment and Sustainable

Development in Africa (NESDA). In: THEMATIC WORKSHOP ON INDICATORS OF SUSTAINABLE DEVELOPMENT, may 16-18, 1994, Banjul, The Gambia, 1994.

VAN BELLEN, H. M. *Indicadores de sustentabilidade:* uma análise comparativa. 2. ed. Rio de Janeiro: FGV, 2006. 256 p.

WCCD - WORLD COUNCIL ON CITY DATA. *ISO 37120*. 2017. Disponível em: <http://www.dataforcities.org/>. Acesso em: 16 out. 2018.

2 Legislação ambiental municipal no contexto da sustentabilidade

Andrea Cristina de Oliveira Struchel
Camila de Sousa Medeiros Torres Watanabe

2.1 Legislação e meio ambiente

A legislação ambiental é um dos principais instrumentos de organização, estabelecimento de princípios, diretrizes, procedimentos e demais comandos para a proteção do meio ambiente.

Os Poderes Públicos (Legislativo e Executivo) editam as normas, os órgãos externos (Ministério Público, Legislativo e Tribunal de Contas) e a sociedade (especialmente por meio dos Conselhos) fiscalizam, e os particulares, assim como o Executivo, cumprem a legislação posta. Isso se dá porque a Administração Pública é regida por vários princípios constitucionais, entre eles o da legalidade (Brasil, 1988, art. 37, *caput*). Para tanto, a Constituição Federal de 1988 estabelece o que se entende por legislação: emendas à Constituição, leis complementares, leis ordinárias, leis delegadas, medidas provisórias, decretos legislativos e resoluções (Brasil, 1988, art. 59).

As funções precípuas da defesa do meio ambiente estabelecidas pela Constituição Federal de 1988, em seu art. 225, dão-se em duas esferas: ao poder público cabe o exercício de elaborar e aplicar a legislação ambiental adequada, dentro das competências material e legislativa (respectivamente, art. 23, VI e VII, e art. 24, VI, VII e VIII, da Constituição); e à sociedade cabe a identificação e o cumprimento desse arcabouço legislativo, considerando a farta produção de regras na área de meio ambiente.

Além das prescrições contidas na Constituição, os tratados internacionais sobre meio ambiente também obrigam o País a cumprir o pacto estabelecido nos âmbitos externo, quando ratificados, e interno, quando incorporados. Em geral, esses tratados são incorporados no Brasil com *status* de lei ordinária; em outros países, contudo, é cada vez mais comum a inserção desses tratados com *status* constitucional. É o caso da Constituição francesa, que se reporta expressamente à Carta do Meio Ambiente de 2003.

2.2 Hierarquia das normas

Para traçar um caminho exitoso, o primeiro passo é entender que a estrutura legal brasileira é calcada na hierarquia das leis (Fig. 2.1).

Seguindo a linha de Hans Kelsen, acerca do escalonamento hierárquico das normas jurídicas, da qual decorre a supremacia constitucional, todas as normas do ordenamento jurídico somente são válidas se não contrariarem a Lei Suprema, com base no princípio da compatibilidade vertical.

No topo da pirâmide, encontra-se a Constituição, a mais importante e abrangente das normas, por conter os elementos estruturais da nação e definir as diretrizes, os princípios e os direitos do ser humano. De acordo com essa escala de hierarquia, tem-se que uma lei não pode estar em desacordo com a Constituição, um decreto não pode contrariar uma lei, e assim por diante.

Em comentário à estrutura piramidal da norma, em que as leis complementares se localizam em um patamar superior às leis ordinárias, modernamente se entende que não há hierarquia entre ambas as modalidades, mas apenas reserva constitucional quanto às matérias que devem

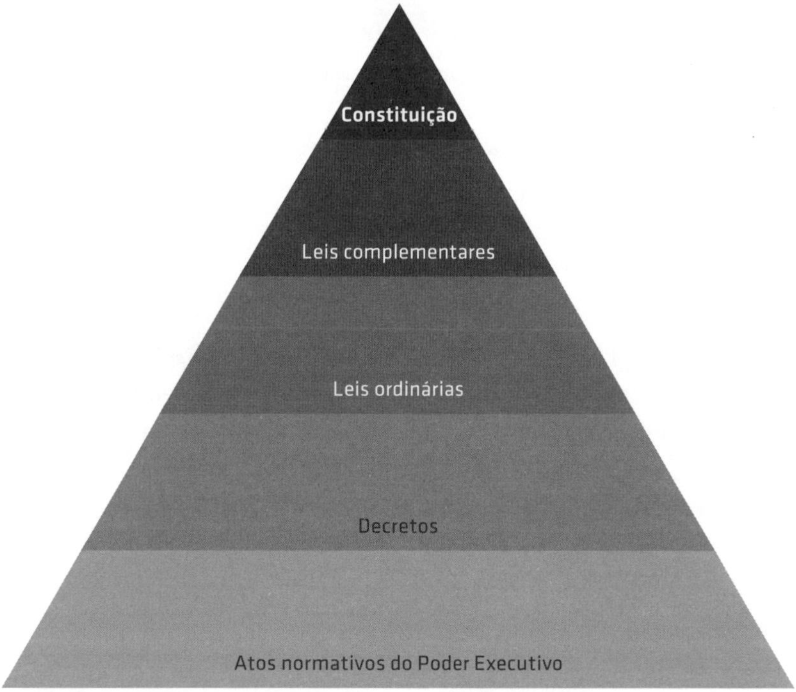

Fig. 2.1 *Estrutura piramidal de normas*

ser tratadas por lei complementar, com quórum de maioria absoluta dos membros da respectiva casa legislativa (art. 69 da Constituição).

2.3 Abrangência normativa do conceito de meio ambiente

O conceito de meio ambiente requer um olhar sistêmico, pois influencia e é influenciado por diversas interferências (da engenharia, arquitetura, química, física, biologia etc.), relacionando-se com distintos ramos do conhecimento em constante alteração, dadas as evoluções das práticas sociais, da própria ciência e das tecnologias aplicadas a ela.

A Lei da Política Nacional do Meio Ambiente (Lei nº 6.938/1981), em seu art. 3º, I, define o meio ambiente como “o conjunto de condições, leis, influências e interações de ordem física, química e biológica, que permite, abriga e rege a vida em todas as suas formas”.

O conceito oferecido pela Política Nacional do Meio Ambiente não somente foi recepcionado pela Constituição Federal de 1988, em seu art. 225, como também continua a sinalizar a sua amplitude, abrangendo o meio ambiente natural, o urbano (artificial ou construído), o cultural e o do trabalho (ou laboral). Tal classificação é sustentada no Supremo Tribunal Federal, conforme trecho de acórdão da ADI 3.540-MC/DF de 2006:

> [...] traduz conceito amplo e abrangente das noções de meio ambiente natural, de meio ambiente cultural, de meio ambiente artificial (espaço urbano) e de meio ambiente laboral. Doutrina. Os instrumentos jurídicos de caráter legal e de natureza constitucional objetivam viabilizar a tutela efetiva do meio ambiente, para que não se alterem as propriedades e os atributos que lhe são inerentes, o que provocaria inaceitável comprometimento da saúde, segurança, cultura, trabalho e bem-estar da população, além de causar graves danos ecológicos ao patrimônio ambiental, considerado este em seu aspecto físico ou natural.

2.4 Diagnóstico do atual cenário da legislação ambiental

Nesta seção, apresenta-se, de forma concisa, um levantamento histórico de como as Constituições e as normas estabeleceram formas de proteção do meio ambiente, a fim de entender a evolução ou a involução de certos aspectos protetivos desse bem coletivo.

2.4.1 Leis ambientais

Pode-se dizer, de início, que as Constituições que precederam a de 1988 não se preocuparam com a proteção do meio ambiente de forma específica e global.

Antes das Constituições, da mesma forma, a preocupação do governo brasileiro com relação ao meio ambiente era pontual: em 1635, foram criadas as primeiras Conservatórias, que objetivavam proteger o pau-brasil como propriedade real; em 1797, foi assinada a primeira Carta Régia sobre a conservação das florestas e madeiras; em 1808, Dom João VI fundou o Jardim Botânico do Rio de Janeiro; e, em 1861, Dom Pedro II mandou plantar a Floresta da Tijuca, com a preocupação de garantir suprimento de água para o Rio de Janeiro, que sofria ameaças pelos desmatamentos das encostas dos morros.

A Constituição do Império de 1824 não fez qualquer referência direta sobre o tema, tão somente proibindo indústrias contrárias à saúde do cidadão (art. 19, nº 24).

Em relação à Constituição de 1891, tem-se a sustentação de um viés de proteção integral ao direito de propriedade, nos termos do art. 72, § 17, no qual era assegurado aos indivíduos o direito à propriedade em toda a sua plenitude, ressalvados apenas os casos de desapropriação por necessidade ou utilidade pública, mediante indenização prévia. Denota-se na época uma visão utilitarista, sem qualquer menção de medida protetora do meio ambiente.

O Texto Republicano de 1934 disciplinou sobre a proteção às belezas naturais e ao patrimônio histórico, artístico e cultural (art. 10, III, e art. 148), bem como conferiu à União competência em matéria de riquezas do subsolo, mineração, águas, florestas, caça, pesca e sua exploração (art. 5º, XIX, *j*).

O Código Civil de 1916 não cuida diretamente da questão ambiental porque seu foco era tutelar a relação entre as partes, adotando uma ótica individualista.

O Código de Águas (Decreto nº 24.643/1934), o primeiro Código Florestal (Decreto nº 23.793/1934) e o Código de Caça e Pesca (Decreto nº 23.672/1934) consistem em uma das tentativas de sistematização temática de normas sobre recursos naturais e fauna.

Já a Carta de 1937 preocupou-se igualmente com a proteção dos monumentos históricos, artísticos e naturais, bem como das paisagens e locais especialmente dotados pela natureza (art. 134); inseriu nas competências legislativas da União as matérias concernentes a minas, águas, florestas, caça, pesca e sua exploração (art. 16, XIV); cuidou da disciplina legislativa sobre subsolo, águas e florestas no art. 18 (*a*, *e*), em que tratou também da proteção de plantas e rebanhos contra moléstias e agentes nocivos.

A Constituição de 1946, além de manter a defesa do patrimônio histórico, cultural e paisagístico (art. 175), conservou como competência da União legislar sobre normas gerais de defesa de saúde, riquezas do subsolo, águas, florestas, caça e pesca.

A Constituição de 1967 seguiu a mesma linha, insistindo na necessidade de proteção ao patrimônio histórico, cultural e paisagístico (art. 172, parágrafo único) e reafirmando que a União tem competência legislativa sobre normas gerais de defesa de saúde, jazidas, florestas, caça, pesca e águas (art. 8º, XVII, *h*), com as mesmas alusões sendo repetidas na Constituição de 1969, respectivamente no art. 180, parágrafo único, e no art. 172.

Nas próximas décadas, surgiram legislações esparsas, a exemplo do Código Florestal (Lei nº 4.771/1965) e do Código de Minas (Decreto-Lei nº 227/1967), que, não obstante tratem de suas questões específicas, não contemplam uma sistematização coerente das matérias que reúnem.

Na década de 1960, também havia a Lei Federal nº 4.717/1965, que versa sobre a ação popular (que, em sede constitucional, tem previsão desde a Constituição Federal de 1824). Esse era um momento em que se discutia, em nível jurisprudencial, o uso da ação popular para a defesa do meio ambiente, uma vez que o diploma era silente, e somente com o advento da Lei Fundamental de 1988 é que esse objeto jurídico foi arrolado expressamente no ordenamento pátrio.

Nota-se que já nos tempos das Ordenações Manuelinas havia previsão da demanda popular. A Constituição do Império (1824), em seu art. 157, continuou a contemplar tal ação. Todavia, essa ação foi excluída da Constituição Federal de 1891, e somente retornou na Lei Maior de 1934 (art. 113, inciso 38); foi novamente suprimida pela Carta de 1937 e retornou na Constituição Federal de 1946 (art. 141, § 38), sendo mantida na de 1967 (art. 150, § 31) e após a Emenda Constitucional nº 1, de 1969 (art. 153, § 31). Finalmente, foi consagrada pelo Texto Constitucional de 1988.

Na década de 1970, surgiu a Lei Federal nº 6.453/1977, que disciplina os danos da atividade nuclear. Esse diploma legal foi o primeiro a vislumbrar o conceito de responsabilidade objetiva pelos danos causados por tal atividade, divorciando-se da corrente da responsabilidade subjetiva prevista no Código Civil então vigente.

Na década de 1980, foi promulgada a Lei Federal n° 6.938/1981, que dispõe sobre a Política Nacional de Meio Ambiente; a partir dela, reconheceu-se o meio ambiente como um bem a ser protegido e reafirmou-se positivamente a responsabilidade objetiva pelos danos a todos os bens ambientais. Em 1985, surge no ordenamento jurídico pátrio a Lei Federal n° 7.347, que cuida da Ação Civil Pública, cuja tônica reside: nas ações coletivas (de massa); na tutela dos interesses metaindividuais (ou transindividuais); e na responsabilização das pessoas físicas e jurídicas, que enfatiza a proteção do meio ambiente por meio do direito processual.

Na década de 1990, destacam-se: o Código de Defesa do Consumidor (Lei n° 8.078/1990), que traz dispositivos que alteram e complementam a Lei da Ação Civil Pública e que, por consequência, aplicam-se às questões ambientais; a Lei de Crimes Ambientais (Lei n° 9.605/1998), que regulamenta a tripla responsabilidade ambiental (administrativa, civil e penal); e a Lei n° 9.433/1993, que institui a política federal e nacional de recursos hídricos.

Na virada do século, vêm à tona em nosso ordenamento jurídico várias leis que visam a proteção da flora e espaços territoriais e seus componentes a serem especialmente protegidos, como a Lei n° 9.985/2000, que institui o Sistema Nacional de Unidades de Conservação, a Lei n° 11.284/2006, que regulamenta a gestão de florestas públicas, e a Lei n° 11.428/2006, que protege o bioma Mata Atlântica. Há também a instituição do sistema de saneamento básico, a partir da Lei n° 11.445/2007.

Na área de saneamento ambiental, destacam-se a Lei de Saneamento Básico (Lei n° 11.445/2007) e a Lei da Política Nacional de Resíduos Sólidos (Lei n° 12.305/2010).

No tocante à proteção do meio ambiente urbano, traz-se a lume o Estatuto da Cidade (Lei n° 10.257/2001) e, recentemente, o Estatuto da Metrópole (Lei n° 13.089/2015).

A última norma que faz alusão a esse assunto é o atual Código Florestal (Lei n° 12.651/2012), o qual infelizmente contemplou a sociedade com poucas benesses e muitas mazelas de ordem ambiental, que representam um retrocesso na área de proteção das florestas e demais formas de vegetação.

2.4.2 Correntes ambientalistas

Diante do panorama histórico das principais legislações produzidas em nível nacional, salientam-se as três correntes explicativas das regras jurídicas de proteção dos bens ambientais e do ser humano: a antropocêntrica, a ecocêntrica e a antropocêntrica mitigada.

Segundo a linha antropocêntrica, o ser humano, para sua sobrevivência, depende da natureza. Vislumbra-se o sentido utilitário do meio ambiente.

Para a corrente ecocêntrica, a tônica da corrente anterior inverte-se para a ecologia e a natureza, ou seja, o fator predominante é a natureza, em detrimento das necessidades de desenvolvimento econômico, cultural e laboral do homem. No panorama internacional, colhe-se uma situação interessante em que o Equador foi o primeiro país a reconhecer, na sua Constituição, aprovada em 2008, um direito próprio da natureza (ou "Pacha Mama"), repudiando a corrente antropocêntrica e adotando a corrente ecocêntrica. No seu preâmbulo, consta o seguinte: "Celebrando a la naturaleza, la Pacha Mama, de la que somos parte y que es vital para nuestra existencia" (Ecuador, 2008, p. 15). No capítulo sétimo (art. 71 e seguintes), há um expresso reconhecimento dos direitos da natureza: "La naturaleza o Pacha Mama, donde se reproduce y realiza la vida, tiene derecho a que se respete integralmente su existencia y el mantenimiento y regeneración de sus ciclos vitales, estructura, funciones y procesos evolutivos" (Ecuador, 2008, p. 52).

Já consoante os fundamentos da corrente antropocêntrica mitigada, o homem e o meio ambiente devem ser valorados, com o escopo de atingir a interação dentro do sistema global.

No passado, a corrente antropocêntrica acabou imperando, não obstante a insurgência de importantes movimentos ambientalistas em níveis internacional e nacional, que propugnavam pelo ecocentrismo. Já na atualidade, verifica-se que não há preponderância de um deles, e sim uma hegemonia da ponderação e da compatibilidade entre a proteção do bem ambiental e o progresso dos meios de desenvolvimento do ser humano.

2.5 "Glocalismo" ou a importância das iniciativas locais para combater problemas globais

Beck (2010) consagrou a expressão "sociedade de risco" para designar as emergências sociais decorrentes dos riscos que permeiam a sociedade moderna atual, na qual a intensidade das transformações nos expõe aos perigos sociais decorrentes de fenômenos globais, como as crises financeiras mundiais, as guerras para além das fronteiras estatais e a destruição ambiental em larga escala.

Na sociedade de risco, os perigos universais atingem todos indistintamente. O modelo de desenvolvimento econômico-tecnológico vigente produz externalidades que se refletem de forma difusa na sociedade. Em razão disso, questões antes estranhas e alheias às preocupações de determinados contextos sociais passam a ser objeto de discussão a partir do novo desafio relativo à gestão de riscos.

Nesse contexto, percebeu-se que o enfrentamento dos problemas globais de meio ambiente passa, necessariamente, pelo fomento das iniciativas locais. Isso porque somos seres enraizados, pertencentes a uma comunidade, na qual forjamos nossa identidade e exercemos nossas atividades cotidianamente.

Não à toa, o ambientalismo mundial tem repetido exaustivamente o lema "soluções locais para problemas globais", representado algumas vezes pela expressão "glocalismo", que realiza a fusão entre "global" e "local". É que, embora os sintomas de degradação ambiental mundial, como o efeito estufa e as mudanças climáticas, possam ser sentidos em qualquer lugar do globo – seus efeitos colaterais desconhecem fronteiras políticas entre países e alcançam muito além do local da ação –, as ações de efetiva recuperação ambiental e repactuação da relação homem-ambiente envolvem, necessariamente, a atuação próxima à comunidade, em trabalho permanente e continuado. Entre os objetivos do Desenvolvimento Sustentável da ONU, por exemplo, está a meta de, até 2020, integrar os ecossistemas e os valores da biodiversidade aos planejamentos nacional e local, aos processos de desenvolvimento, às estratégias de redução e à contabilidade.

A capacidade de resiliência de um ecossistema degradado, em última análise, está diretamente associada ao fortalecimento dos vínculos econômicos, sociais e ambientais no processo de ocupação do território. Problemas globais, portanto, demandam soluções territorializadas.

Nesse sentido, as pessoas vivem, labutam, convivem, usufruem de serviços e habitam nas cidades. Da utilização multifacetada pelo ser humano desse espaço territorial definido é que exsurge o Município como unidade de organização expoente na condução da proteção do meio ambiente integrada à promoção da qualidade de vida de seus cidadãos.

A atuação do Município, ao fomentar um pacto intergeracional pelo desenvolvimento com sustentabilidade, é, portanto, fundamental para coordenar essas iniciativas em torno de um consentimento ético (Lima, 2015) que considere o desenvolvimento de capacidades relacionado à qualidade de vida (em substituição aos enfoques econômico-utilitaristas), no qual o direito ao meio ambiente ecologicamente equilibrado integra o núcleo de direitos fundamentais da comunidade local.

Esse compromisso ético, que busca não empobrecer a biodiversidade e manter, para as futuras gerações, as condições que propiciam a vida em todas as suas formas, garantindo a sobrevivência das espécies e de seu *habitat*, forja laços mais fortes no seio de comunidades que se identificam em torno de um objetivo comum (Benjamin, 2005, p. 365).

Nesse sentido, fomenta-se o empoderamento (*empowerment*) da comunidade por meio da abertura do Poder Público à participação política em espaços franqueados à manifestação da coletividade, como os conselhos de meio ambiente (Souza, 2004). Esse empoderamento encontra respaldo nos termos do art. 225 da Constituição, segundo o qual o meio ambiente é um "bem de uso comum do povo", o que demanda seu envolvimento na definição das políticas públicas voltadas à defesa do meio ambiente, na qual a coletividade é titular.

Nessa perspectiva, o Poder Público Municipal é o ente federativo mais próximo dos cidadãos; logo, é a esfera de poder que está em melhor posição para articular o envolvimento dos atores locais em torno da governança ambiental, sem perder de vista, nessa marcha, a compreensão holística de meio ambiente.

Assim, é no âmbito dos Municípios que esses espaços abertos de deliberação política se abrem às particularidades locais e à compreensão da importância de determinados cenários paisagísticos e modos de criar, fazer e viver específicos daquela unidade territorial, concebida como um todo heterogêneo, mas coeso.

2.6 Federalismo brasileiro e a repartição de competências na Constituição na seara ambiental

Embora o federalismo brasileiro tenha se inspirado em seu correlato norte-americano, há algumas diferenças importantes entre os dois sistemas. Nos Estados Unidos, houve a bipartição de funções entre o poder centralizador e as unidades federativas, representadas pelos Estados; já no Brasil, optou-se por um modelo de federalismo tricotômico, no qual, além dos Estados e da União, também os Municípios passaram a ser considerados entes federativos, constituindo, portanto, uma unidade de organização política autônoma. Não há notícias de outro modelo federativo nos moldes brasileiros, com a atribuição desse *status* aos Municípios, o que tornou a tripartição de competências entre as esferas de Poder uma experiência brasileira sem precedentes.

A condição de ente federativo aos Municípios foi sacramentada pela Constituição de 1988, após uma longa discussão, em seu art. 1°, no qual declara que a República Federativa do Brasil é formada pela "união indissolúvel dos Estados e Municípios e do Distrito Federal". Essa condição, nos moldes delineados pela atual Constituição, inexistia na ordem jurídica anterior. Para a doutrina que defendeu o modelo, em um país com extensa dimensão territorial e grande diversidade socioambiental, climática, cultural e econômico-social como o Brasil, a descentralização político-administrativa parecia um caminho natural, pois, ao se considerar a heterogeneidade da formação territorial e humana do País, seria possível avançar na delimitação de políticas públicas de maneira mais eficiente e melhor amoldada à realidade local.

Assim, para se atingir o objetivo de conferir autonomia aos Municípios, um feixe de novas competências lhes foi atribuído, acompanhado de uma nova configuração relativa às receitas tributárias e de uma paulatina municipalização de políticas públicas.

Dessa forma, a repartição de competências elaborada pela Constituição buscou operar uma progressiva descentralização de funções, com o reconhecimento de capacidade e autonomia para a execução de políticas públicas no âmbito municipal. Para tanto, dotou os Municípios não só de maior parcela de poder e maior capacidade arrecadatória do ponto de vista tributário, mas também de maior carga de responsabilidade na execução de políticas públicas.

Esse modelo tripartido, no entanto, não transparece à primeira vista quanto às divisões de competência estabelecidas pela Constituição.

A Constituição Federal delineia as competências para produção da legislação (competência legislativa) e para seu cumprimento, no âmbito do Poder Executivo (competência material ou administrativa). Nesse sentido, o documento estabelece que cumpre à União e aos Estados a competência concorrente para legislar sobre o meio ambiente (art. 24, VI, VII e VIII). Na linguagem constitucional, entende-se por competência concorrente a capacidade outorgada pela Constituição para que a União estabeleça normas gerais (art. 24, § 1°) e os Estados e o Distrito Federal suplementem a legislação federal.

Mas e os Municípios?

No âmbito da competência legislativa, esse aparente silêncio é suplantado pelo que está disposto no art. 30 da Constituição, incisos I e II, que estabelece competir aos Municípios (i) legislar sobre assuntos de interesse local e (ii) suplementar a legislação federal e a estadual no que couber.

Nesse sentido, o Supremo Tribunal Federal (STF), no Recurso Extraordinário nº 194.704/MG, julgado em 29 de junho de 2017, teve a oportunidade de deixar bem assentado que "o Município tem competência para legislar sobre meio ambiente e controle da poluição, quando se tratar de interesse local". Atualmente, portanto, não mais se discute a competência municipal para legislar sobre o meio ambiente.

Assim, entende-se que, embora o art. 24 da Constituição não nomeie expressamente os Municípios no âmbito da competência legislativa concorrente, a eles é permitido legislar sobre assuntos de interesse local, entre os quais a proteção ao meio ambiente. A matéria é resolvida, portanto, segundo o critério da predominância do interesse e tem fulcro no art. 30, I, da Lei Maior.

Quanto à competência administrativa, que se refere às atividades do Poder Executivo, o texto constitucional foi claro quanto à competência comum da União, dos Estados, do Distrito Federal e dos Municípios para proteger o meio ambiente e combater a poluição em qualquer uma de suas formas (art. 23, VI) e para preservar as florestas, a fauna e a flora (art. 23, VII).

Ademais, na esfera do licenciamento ambiental, a Lei Complementar nº 140/2011 estabeleceu uma divisão de atuações entre as três esferas de Poder, sem prejuízo na possibilidade de atuação supletiva, que ocorre quando um ente substitui o outro, caso este ainda não possua órgão ambiental estruturado e capacitado para exercer suas atribuições (art. 15). Além da possibilidade de atuação supletiva, a Lei Complementar nº 140/2011 também estabelece a atuação subsidiária entre os entes, sob a forma de auxílio e cooperação nos campos técnico, científico, administrativo ou financeiro (art. 16).

Além de exercer competências no âmbito do licenciamento ambiental, os Municípios atuam, entre outras atividades na seara ambiental, sobre o meio ambiente urbano por intermédio da organização e do planejamento da ocupação territorial, dos quais são notáveis instrumentos o Estatuto da Cidade (Lei nº 10.257/2001) e seu respectivo Plano Diretor. Os Municípios também podem criar unidades de conservação (UCs) (Lei nº 9.985/2000) e até mesmo instituir áreas de preservação (APPs) além daquelas integrantes do rol do art. 4º do Código Florestal (art. 6º, *caput*, do Código Florestal).

2.6.1 O aparente conflito de normas decorrente da repartição de competências

No exercício da tutela do meio ambiente, a existência de competência legislativa concorrente pode fazer surgir uma série de normas das mais variadas espécies, que podem incidir sobre uma mesma situação. Nessa perspectiva, a Lei de Introdução às Normas do Direito Brasileiro (LINDB) fornece ao intérprete algumas ferramentas voltadas à solução de conflitos aparentes entre normas, que são chamados de *antinomias*. Diz-se que esses conflitos são apenas aparentes porque a interpretação há de ser baseada não apenas na literalidade, mas também na compreensão do ordenamento jurídico como um sistema único e coeso, atentando-se às finalidades da norma.

De maneira geral, as antinomias resolvem-se por meio de três critérios clássicos: (i) o temporal; (ii) o de especialidade; e (iii) o hierárquico. O Quadro 2.1 apresenta os critérios e as soluções para as antinomias de primeiro grau.

Quadro 2.1 Critérios para resolução de antinomias de primeiro grau

Critério	Solução
Temporal	Lei posterior prevalece sobre lei anterior
De especialidade	Lei especial prevalece sobre lei geral
Hierárquico	Lei superior prevalece sobre lei inferior

Pelo critério temporal, ou cronológico, "a lei posterior revoga a lei anterior quando expressamente o declare, quando seja com ela incompatível ou quando regule inteiramente a matéria de que tratava a lei anterior" (LINDB, art. 2°, § 1°). Assim, a lei posterior pode revogar a lei anterior de maneira expressa ("quando expressamente o declare") ou de maneira tácita, por incompatibilidade ou por revogação tácita global.

O critério da especialidade, por sua vez, refere-se à prevalência da lei especial em relação à lei geral, que trata mais genericamente da matéria.

Por fim, quanto ao critério hierárquico, de acordo com a estrutura piramidal de leis mencionada na seção 2.2, tem-se que a lei de estatura superior revoga a lei de estatura inferior. Cabe, no entanto, uma ressalva em relação a esse critério: a doutrina ensina que não há hierarquia entre normas federais, estaduais e municipais, mas sim uma coordenação segundo a predominância do interesse: à União, no terreno da competência concorrente, cabe a edição de normas gerais; aos Estados, a edição de normas de interesse regional, no âmbito da competência suplementar; e, finalmente, aos Municípios, a edição de normas de interesse local. Uma eventual antinomia entre normas advindas de diferentes entes federativos resolve-se, portanto, no contexto da repartição de competências, e não por hierarquia de normas.

Todavia, é possível estarmos diante de mais de um conflito de normas ao mesmo tempo. Imagine-se, por exemplo, uma lei inferior e posterior em conflito com uma lei hierarquicamente superior, mas anterior. Em tais situações, o critério hierárquico prevalece sobre o critério temporal. Assim, como explicam Gramstrup e Ramos (2016), uma norma anterior-inferior é tacitamente revogada pela norma posterior-superior que prescreva uma conduta contraditória em relação à primeira, e uma norma anterior-superior prevalece sobre a posterior-inferior que lhe for contrária, porque a norma inferior não terá fundamento de validade.

Desse modo, no exercício da competência legislativa concorrente, nada impede que o Município legisle de forma mais restritiva do que a lei da União, que se limita a estabelecer normas gerais. É possível que determinada comunidade entenda que, em seu específico contexto local, a norma geral é insuficiente para prover a tutela ambiental adequada, sendo necessário estabelecer normas mais restritivas para garantir a efetiva proteção ao meio ambiente.

Da mesma forma, os Estados também podem legislar de forma mais restritiva em relação às normas federais. Recentemente, ao julgar as Ações Diretas de Inconstitucionalidade (ADIs) n° 3.406 e n° 3.470, o STF declarou inconstitucional o artigo de lei federal que permitia a extração de amianto crisotila (art. 2° da Lei n° 9.055/1995), por entendê-la incompatível com a tutela constitucional do meio ambiente, ao mesmo tempo que entendeu válida a lei do Estado do Rio de Janeiro que proibia a extração do amianto crisotila. Segundo a Ministra Rosa Weber, não há impedimento para que a norma estadual adote uma postura mais cautelosa e protetiva do que a diretriz federal em relação ao meio ambiente (Brasil, 2017). No entanto, o contrário não é possível: ao complementar a legislação federal geral sobre determinada matéria, os Municípios e Estados não podem ir além de seus limites e autorizarem a realização de uma atividade que não é permitida pela lei geral.

No campo das antinomias relacionadas à proteção ambiental, verifica-se na doutrina e na jurisprudência uma dualidade de entendimentos: (i) aplica-se o que estabelece a ordem constitucional e legal; e (ii) aplica-se a regra mais protetiva ou restritiva.

Utilizando o critério proposto pela primeira corrente, as aparentes incompatibilidades entre normas que versem sobre matéria ambiental serão resolvidas segundo os critérios clássicos de solução de antinomias. Fink (2008) é adepto desse primeiro entendimento, asseverando que em momento algum a Constituição estabelece a prevalência da norma mais protetiva ou restritiva, mas apenas uma repartição de competências com fundamento no princípio federativo.

A segunda corrente, por outro lado, aproxima-se da compreensão do meio ambiente como um direito fundamental, ainda que fora do catálogo do art. 5° da Constituição, na esteira do que propõe o § 2° do dispositivo em questão: "Os direitos e garantias expressos nesta Constituição não excluem outros decorrentes do regime e dos princípios por ela adotados, ou dos tratados internacionais em que a República Federativa do Brasil seja parte".

O direito ao meio ambiente é incluído na divisão de gerações como um direito humano de terceira geração – ou dimensão –, na nomenclatura proposta por Bonavides (1993). No escólio do jurista,

> um novo polo jurídico de alforria do homem se acrescenta historicamente aos da liberdade e da igualdade. Dotados de altíssimo teor de humanismo e universalidade, os direitos da terceira geração tendem a cristalizar-se neste fim de século enquanto direitos que não se destinam especificamente à proteção dos interesses de um indivíduo, de um grupo ou de um determinado Estado. Têm primeiro por destinatário o gênero humano mesmo, num momento expressivo de sua afirmação como valor supremo em termos de existencialidade concreta. Os publicistas e juristas já os enumeram com familiaridade, assinalando-lhes o caráter fascinante de coroamento de uma evolução de trezentos anos na esteira da concretização dos direitos fundamentais. Emergiram eles da reflexão sobre temas referentes ao desenvolvimento, à paz, ao meio ambiente, à comunicação e ao patrimônio comum da humanidade. (Bonavides, 1993, p. 563).

Não por acaso, essa concepção do meio ambiente como um direito humano inaugura a Declaração de Estocolmo (ONU, 1972):

> O homem tem o direito fundamental à liberdade, à igualdade e ao desfrute de condições de vida adequadas em um meio ambiente de qualidade tal que lhe permita levar uma vida digna e gozar de

> bem-estar, tendo a solene obrigação de proteger e melhorar o meio ambiente para as gerações presentes e futuras.

Na hermenêutica dos direitos fundamentais, em função de sua forte carga axiológica e da natureza principiológica de suas normas, diz-se que na verdade estamos diante de princípios, e não de regras. Regras, de acordo com Dworkin (2000), resolvem-se na lógica do "tudo ou nada": aplica-se uma em detrimento da outra. Para ele, as regras são aplicadas de maneira disjuntiva, sendo resolvidas pelos critérios clássicos de resolução de antinomias (temporal, da especialidade ou hierárquica).

Por outro lado, princípios têm dimensão de peso – colisões entre eles demandam uma análise da importância que cada um assume no caso concreto em questão. Os princípios não desencadeiam automaticamente as consequências jurídicas previstas no texto normativo só pela ocorrência da situação que o texto de fato descreve. Trata-se, como elucida Robert Alexy (2011), de um comando *prima facie*, um mandado de otimização que pode ou não se realizar no caso concreto.

No entanto, é preciso ter em conta que tanto regras como princípios estabelecem obrigações jurídicas. O que os diferencia não é o maior ou o menor grau de vagueza da disposição, mas sim o tipo de diretiva que apresentam: havendo conflito entre regras, a solução será pautada pelos critérios clássicos de solução de antinomias; já no conflito entre princípios, tendo em vista que estes têm uma dimensão de peso e podem interferir uns nos outros, deve-se levar em consideração o peso de cada princípio em jogo.

Quando se está diante de conflito entre direitos fundamentais de conteúdo principiológico, como, por exemplo, o direito ao meio ambiente, a aplicação de um princípio não pode resultar no aniquilamento de outro. Assim, Alexy (2011) ensina que a colisão entre princípios há de se resolver por ponderação, no caso concreto, quanto ao peso que determinado direito deve assumir naquela situação específica. Uma dessas variáveis é a confiabilidade das premissas empíricas, o que, no âmbito do direito ambiental, tem importante aplicação quando se está diante de princípios como o da prevenção e o da precaução, por exemplo.

Ambos os princípios, bastante utilizados no campo da interpretação das normas ambientais, têm significado próximo, mas não se confundem. Por princípio da precaução se entende a necessidade de prevenir, com a adoção de medidas mitigadoras suficientes, os riscos conhecidos e previsíveis decorrentes das atividades potencialmente poluidoras. O princípio da precaução, por sua vez, tem aplicação quando não há certeza científica em relação aos impactos decorrentes de determinada atividade. Assim, enquanto o princípio da prevenção impõe medidas acautelatórias para as atividades cujos riscos são conhecidos e previsíveis, o princípio da precaução atua nos casos em que os riscos são desconhecidos e imprevisíveis.

Em adição a isso, segundo Gramstrup e Ramos (2016), um princípio não ab-roga nem compromete definitivamente a eficácia do outro, salvo no caso concreto específico no qual um deles deve prevalecer.

De outro lado, o princípio da máxima efetividade dos direitos fundamentais orienta que a eles seja conferida a interpretação que melhor realize os objetivos de respeito, proteção e promoção buscados pelo sistema objetivo de valores que emana da Constituição.

Em reforço a essa concepção, o art. 5º da LINDB estabelece que, na aplicação da lei, o intérprete observará os fins sociais – ou socioambientais, na linguagem atualizada pela Constituição de 1988 – e às exigências do bem comum.

A Constituição, para essa corrente, não é axiologicamente neutra, e sim dispõe de uma ordem de valores que tem como centro os direitos fundamentais. Nesse sentido, o valor "ambiente" está amplamente impregnado na Constituição como um dos fundamentos de validade do contrato social ali encerrado. A Constituição da Cidadania é, também, para Rothenburg (2005), a Constituição ecológica.

Nessa ordem de ideias, é certo que a interpretação fundada na hermenêutica dos direitos fundamentais não leva a um resultado unívoco, com soluções *prêt-à-porter*. Exatamente por esse motivo, essa corrente de inspiração neoconstitucionalista esclarece que há, nessas situações, um ônus argumentativo maior ao intérprete na determinação da norma incidente sobre o caso concreto, mormente quando puder resultar em sacrifício, ainda que mínimo, de um direito fundamental.

O neoconstitucionalismo é um movimento intelectual plural, composto por variadas correntes que têm em comum a valorização da Constituição como instrumento de implementação de direitos, com força normativa suficiente para conformar a realidade fática e irradiar efeitos sobre todo o ordenamento jurídico infraconstitucional, que deve ser reinterpretado, por filtragem constitucional, sob a ótica do sistema objetivo de valores consagrados na Carta Política.

Nessa perspectiva, a prevalência, no caso concreto, da norma mais protetiva ao meio ambiente parece responder de maneira mais efetiva à força normativa da Constituição (Hesse, 1991) e à tarefa de concretizar as promessas constitucionais de desenvolvimento socioambiental sustentável.

2.7 Algumas experiências locais

A seguir, será analisada a evolução histórica da legislação ambiental de alguns Municípios brasileiros no tocante às temáticas principais a partir do marco temporal de criação da pasta ambiental.

2.7.1 Curitiba (PR)

Curitiba possui uma atuação histórica na questão ambiental, apresentando legislação desde a década de 1990. Em 1991, a Secretaria Municipal do Meio Ambiente foi criada e várias competências foram instituídas; nesse mesmo ano, foi estabelecida a política de proteção, conservação e recuperação do meio ambiente, que atribui princípios, instrumentos e competências para a gestão ambiental local.

Outro ponto relevante é trazido em 2000, com a criação do Sistema de Unidades de Conservação do Município de Curitiba, que estabeleceu critérios e procedimentos para a implantação de novas UCs – mesmo antes da Lei Federal nº 9.985, de 18 de julho de 2000, que veio regulamentar a matéria em nível nacional – e instituiu o Código Florestal do Município, estabelecendo parâmetros locais de limitações ambientais administrativas, a despeito das normas gerais instituídas pelo Código Florestal vigente à época.

2.7.2 Campinas (SP)

Desde 2013, Campinas retrata um esforço considerável no fortalecimento institucional por meio da criação de uma legislação estruturante, que resultou em 117 atos normativos de diversas espécies, com destaque à criação da Pasta Ambiental mediante lei complementar, em que houve a definição de procedimentos de licenciamento e fiscalização ambiental.

A estruturação de políticas e planos ambientais municipais, por meio de leis e decretos, bem como a definição de procedimentos e termos de referência técnicos, estabelecidos por meio de Resoluções, muitas vezes emanadas com outros órgãos municipais, consubstanciada em uma teia de normas de diversas hierarquias e formas, retrata a diversidade da legislação local.

Tem-se como destaque a adoção de um constante processo participativo que abrangeu todos os setores da sociedade – ONGs, escolas, universidades, conselhos, entidades de classe, entidades empresariais, poderes públicos executivos e legislativos, ministérios públicos estadual e federal – especialmente na elaboração dos Planos Municipais Ambientais (do Saneamento Básico, do Verde, de Recursos Hídricos e da Educação Ambiental), bem como na elaboração da Política Municipal de Meio Ambiente (atualmente em trâmite na Câmara Municipal de Campinas).

2.7.3 João Pessoa (PB)

Diferentemente de várias cidades litorâneas brasileiras, a capital da Paraíba não tem paredões de edifícios nem arranha-céus em sua orla. Desde a década de 1970, é proibido construir, na orla marítima, prédios com mais de três andares, o que estimula a ocupação ordenada e mantém a paisagem limpa e arejada, favorecendo a circulação de ar e evitando a formação de ilhas de calor. A iniciativa deu-se, primeiro, por meio de uma lei municipal que impedia edifícios com mais de três andares, em uma faixa de 500 m, da praia em direção ao interior.

Mais adiante, influenciada pelo espírito ecológico da Constituição de 1988 e pelos preparativos da ECO-92, cujos debates lançaram luz sobre as questões ambientais mais urgentes, a Assembleia Constituinte paraibana incorporou a vedação na Constituição Estadual (1989) e estendeu-a para toda a zona costeira:

> Art. 229. A zona costeira, no território do Estado da Paraíba, é patrimônio ambiental, cultural, paisagístico, histórico e ecológico, na faixa de quinhentos metros de largura, a partir da preamar de sizígia para o interior do continente, cabendo ao órgão estadual de proteção ao meio ambiente sua defesa e preservação, na forma da lei.

Dispositivo análogo constou também na Lei Orgânica de João Pessoa (art. 175), apostando na valorização do controle social como ferramenta de gestão urbana, e foi regulamentado pela Lei do Plano Diretor de João Pessoa de 1992.

Quase 50 anos depois da primeira lei restritiva das verticalizações, verifica-se que o escalonamento moldou a morfologia urbana e se manteve, a despeito das pressões de expansão urbana, possivelmente em razão da combinação de atos normativos protetivos e controle social local, voltados a um mesmo objetivo.

2.8 Considerações finais

O Poder Público deve zelar pelo atendimento do princípio da legalidade, elaborando normas para a tutela do meio ambiente, de forma harmônica com os outros *standards* constitucionais: impessoalidade, publicidade e eficiência. A legislação deve ser clara, concisa, objetiva e de acordo com a tipologia normativa estabelecida.

Na área ambiental, é comum a elaboração de atos normativos secundários, como resoluções, ordens de serviço e portarias, os quais veiculam matéria preponderantemente técnica, o que requer uma análise sistemática e dialética desses atos normativos em face da legislação acima da cadeia hierárquica.

Fato é que, não obstante o meio ambiente requerer, para a sua gestão, contribuições de diversas áreas da academia, cada uma com sua linguagem técnica específica, e não obstante a falta de imposição legal para tanto, é importante que uma legislação ambiental apresente um documento que explicite suas razões de existência, por meio de caderno de subsídios ou documento similar. Dessa forma, uma oferta de informações adequadas para além da publicação da norma em Diário Oficial do Município é salutar para o acesso e a compreensão dos temas ali disciplinados.

Ademais, a proteção do meio ambiente há muito tempo deixou as prateleiras do descuido e do ceticismo, e hoje é discutida não somente em nível planetário/universal, mas também em nível local, estendendo-se a todas as relações domésticas, laborais, de lazer, cultura e esporte e todas as demais atividades exercidas em bairros, vilas, casas e edifícios, por cidadãos que têm direito ao meio ambiente ecologicamente equilibrado e à sadia qualidade de vida, mas que também, em contrapartida, possuem uma série de obrigações de não degradação, para além das obrigações consentidas pela legislação ambiental.

Dada a abrangência dos temas que envolvem a questão ambiental, outra tendência é a contribuição comunitária ao processo de confecção da norma, por meio de oficinas, seminários, *workshops*, consultas e audiências, como forma de garantir a participação social nas questões municipais, o que ganha relevo especialmente na elaboração de atos normativos secundários, de prerrogativa do Poder Executivo (decretos, resoluções, ordens de serviço e portarias).

Dessa forma, tanto a norma quanto seu caderno de subsídios demandam uma linguagem objetiva e acessível a toda a sociedade, até porque o meio ambiente é um direito que pertence a todos indistintamente, mas que também gera responsabilidades.

No setor empresarial, é certo que aquele que utiliza os recursos ambientais deve incorporar, no seu processo produtivo, medidas de prevenção e controle a fim de impedir, ao menos, a degradação do meio ambiente. Note-se que, para além do comando do art. 225, a Constituição Federal no art. 170, VI, nomeia a defesa do meio ambiente como um dos princípios gerais da atividade econômica. Nesse sentido, a legislação pátria acolhe a responsabilidade pós-consumo no que toca à destinação final das embalagens de agrotóxicos (Lei nº 9.974/2000, art. 6º, § 5º), e a Lei da Política Nacional de Resíduos Sólidos (Lei nº 12.305/2010, art. 7º, III) objetiva estimular a adoção de padrões sustentáveis de produção e consumo de bens e serviços.

Tanto para o indivíduo quanto para os entes coletivos públicos ou privados, a responsabilidade por impactos (por meio do licenciamento ambiental) e pelos danos ambientais causados ao meio ambiente (por meio da responsabilização na seara administrativa, cível e penal) é uma consequência trazida pelo ordenamento jurídico, dada a relevância que a proteção do meio ambiente ganha para a Nação brasileira.

Dessa forma, as práxis locais, nas quais a comunidade impactada pelas decisões dos Poderes Públicos – que se materializam por meio de legislação – pode ter acesso a material contextualizado e explicativo (caderno de subsídios) e ter oportunidade de contribuir por meio de discussões abertas (consultas, audiências, oficinais etc.), são perspectivas que visam não somente trazer qualidade à produção normativa, mas também garantir a sua observância pelos atores envolvidos.

Referências bibliográficas

ALEXY, R. *Teoria dos direitos fundamentais*. São Paulo: Malheiros, 2011.

BECK, U. *Sociedade de risco*: rumo a uma outra modernidade. São Paulo: Editora 34, 2010.

BENJAMIN, A. H. O meio ambiente na Constituição Federal de 1988. In: KISHI, S. A. S. et al. (Coord.). *Desafios do direito ambiental no século XXI*: estudos em homenagem a Paulo Affonso Leme Machado. São Paulo: Malheiros, 2005. p. 363-398.

BONAVIDES, P. *Curso de direito constitucional*. 4. ed. São Paulo: Malheiros, 1993.

BRASIL. Constituição (1988). Constituição da República Federativa do Brasil. *Diário Oficial da União*, Brasília, 5 out. 1988, Seção 1, p. 1. Disponível em: <http://www.planalto.gov.br/ccivil_03/constituicao/constituicaocompilado.htm>. Acesso em: 5 fev. 2018.

BRASIL. Supremo Tribunal Federal. STF reafirma inconstitucionalidade de dispositivo que permitia extração de amianto crisotila. *Notícias do STF*, Brasília, 29 nov. 2017. Disponível em: <http://www.stf.jus.br/portal/cms/verNoticiaDetalhe.asp?idConteudo=363263>. Acesso em: 26 jun. 2018.

DWORKIN, R. *Uma questão de princípio*. São Paulo: Martins Fontes, 2000.

ECUADOR. *Constitución de la República del Ecuador, de 28 de septiembre de 2008*. 2008. Disponível em: <http://www.stf.jus.br/repositorio/cms/portalStfInternacional/newsletterPortalInternacionalFoco/anexo/ConstituicaodoEquador.pdf>. Acesso em: 26 jun. 2018.

FINK, D. Competência legislativa municipal e licenciamento ambiental. In: SOARES JÚNIOR, J. et al. (Coord.). *Efetividade da tutela ambiental*. Belo Horizonte: Del Rey, 2008.

GRAMSTRUP, E.; RAMOS, A. de C. *Comentários à Lei de Introdução às Normas do Direito Brasileiro – LINDB*. São Paulo: Saraiva, 2016.

HESSE, K. *A força normativa da Constituição*. Porto Alegre: Sergio Antonio Fabris, 1991.

LIMA, G. M. *A judicialização da ética*: o projeto de transformação da ética em direito orientado pela expansão do círculo ético. Tese – Doutorado em Direito, Justiça e Cidadania no Século XXI. Faculdade de Direito. Universidade de Coimbra, Coimbra, 2015. Disponível em: <http://hdl.handle.net/10316/24576>. Acesso em: 27 fev. 2018.

ONU – ORGANIZAÇÃO DAS NAÇÕES UNIDAS. Declaração da Conferência de ONU no Ambiente Humano, Estocolmo, 5-16 de junho de 1972. Disponível em: <https://nacoesunidas.org/acao/meio-ambiente/>. Acesso em: 30 mar. 2018.

ROTHENBURG, W. C. A Constituição ecológica. In: KISHI, S. A. S. et al. (Coord.). *Desafios do direito ambiental no século XXI*: estudos em homenagem a Paulo Affonso Leme Machado. São Paulo: Malheiros, 2005. p. 813-828.

SOUZA, C. Governos locais e gestão de políticas públicas universais. *São Paulo em Perspectiva*, São Paulo, v. 18, n. 2, p. 27-41, 2004. Disponível em: <http://www.scielo.br/pdf/spp/v18n2/a04v18n2.pdf>. Acesso em: 27 fev. 2018.

Municipalização do licenciamento ambiental

3

Gustavo Fabricio D'Estefano
Andrea Cristina de Oliveira Struchel
Rebeca Veiga Barbosa

Entre as muitas ferramentas que um gestor ambiental tem à sua disposição para a conservação ou a preservação do meio ambiente em sua área de atuação, destaca-se o licenciamento ambiental.

O licenciamento ambiental é um instrumento que confere poder à gestão ambiental, pois possibilita ao gestor o acesso a informações estratégicas, tais como o conhecimento do seu território e as atividades que o impactam, a quantidade de recursos naturais que são usados e seus respectivos impactos ambientais, as dinâmicas econômica e social, o rumo que a população segue, entre muitas outras. A reunião, a análise e o uso dessas informações podem subsidiar políticas públicas – e não apenas as ambientais, mas também as de saúde, educação, desenvolvimento econômico e turismo.

Existem outras ferramentas que podem ser usadas por um gestor ambiental; algumas delas estão descritas ao longo desta obra. Este capítulo, entretanto, foca-se no licenciamento ambiental e em como essa ferramenta pode contribuir para a proteção do meio ambiente e a qualidade de vida dos cidadãos.

Inicialmente, por se tratar de um tema com grande interface no meio legal e técnico, traz-se a definição de licenciamento ambiental, seguida por um breve histórico, a evolução do tema ao longo das três décadas em que ele é amplamente discutido em nosso País e também algumas experiências na área (com ênfase na experiência da cidade de Campinas, no Estado de São Paulo).

Por fim, encerra-se este capítulo com uma reflexão sobre o que é esperado para o futuro do manuseio desse instrumento de gestão e como fazer o melhor uso do licenciamento como ferramenta de gestão ambiental.

3.1 Definição de licenciamento ambiental

O licenciamento ambiental é um dos mais importantes instrumentos de controle ambiental a cargo de todas as esferas de governo. É um procedimento composto por atos encadeados visando um fim, corolário da atuação estatal, no regular exercício do poder de polícia, o qual é exclusivamente exercido pelo Poder Executivo (Struchel, 2016).

Esse instrumento de gestão ambiental visa conferir uma maior proteção ao meio ambiente, minimizando assim os impactos causados a ele, em cumprimento à legislação ambiental. Dessa forma, busca-se atingir um desenvolvimento econômico do país, com respeito à proteção dos recursos ambientais e à sadia qualidade de vida do ser humano.

Nesse contexto, faz parte do licenciamento ambiental a garantia das medidas preventivas e de controle adotadas em uma obra, empreendimento ou atividade, as quais devem ser compatíveis com o desenvolvimento sustentável, garantindo, desse modo, a preservação da qualidade ambiental.

Os estudos técnicos que compõem o procedimento de controle podem indicar a inviabilidade ou viabilidade do empreendimento ou atividade que se pretende licenciar. No caso de viabilidade, condicionantes podem ser exigidas, com medidas mitigadoras e compensatórias pelo impacto ambiental. A decisão final cabe sempre ao órgão licenciador.

O licenciamento, porém, não é obrigatório a toda e qualquer atividade econômica. Como explanado por Farias (2017, p. 44), o licenciamento também pode ser dispensado

> [...] tendo em vista o direito fundamental ao meio ambiente equilibrado, de maneira que as atividades que não ameaçarem esse direito não têm motivo para se sujeitar a esse mecanismo. Sendo assim, não é toda atividade econômica que está sujeita ao licenciamento, e sim apenas aquelas capazes de causar algum tipo de poluição que não seja insignificante.

Os órgãos ambientais optam por quais tipologias de empreendimentos, obras e atividades serão licenciadas no âmbito de seu território. Essa dinâmica será explanada ainda neste trabalho.

3.2 Histórico do licenciamento ambiental no País

Antes de abordar a experiência do licenciamento ambiental municipal, faz-se um escorço histórico do licenciamento ambiental no Brasil. Conhecendo-se a origem desses ritos no País, pode-se entender como a municipalização dos procedimentos foi alcançada.

3.2.1 Primeiras legislações e experiências

O marco legal nacional que iniciou o estabelecimento das ferramentas de comando e controle das atividades potencialmente poluidoras foi a Política Nacional de Meio Ambiente (PNMA), instituída pela Lei Federal n° 6.938/1981. Além de definir entre seus objetivos, no art. 4°, o "estabelecimento de critérios e padrões de qualidade ambiental e de normas relativas ao uso e manejo de recursos ambientais", essa Lei trouxe também como novidade, no art. 9°, dois importantes instrumentos: a "avaliação de impactos ambientais", no inciso III, e o "licenciamento e a revisão de atividades efetiva ou potencialmente poluidoras", no inciso IV. Assim, o licenciamento ambiental é considerado efetivamente introduzido no ordenamento jurídico brasileiro por meio do art. 9°, inciso IV, da Lei Federal n° 6.938/1981, como um dos instrumentos da Política Nacional de Meio Ambiente.

Visto que o licenciamento ambiental é exigível para atividades potencialmente poluidoras, afigura-se a seguir o conceito de poluição, previsto no art. 3° da Lei n° 6.938/1981:

> Art. 3°. Para os fins previstos nesta Lei, entende-se por:
>
> [...]
>
> III – poluição, a degradação da qualidade ambiental resultante de atividades que direta ou indiretamente: a) prejudiquem a saúde, a segurança e o bem-estar da população; b) criem condições adversas às atividades sociais e econômicas; c) afetem desfavoravelmente a biota; d) afetem as condições estéticas ou sanitárias do meio ambiente; e) lancem matérias ou energia em desacordo com os padrões ambientais estabelecidos.

Ademais, a PNMA estruturou o Conselho Nacional de Meio Ambiente (Conama) como órgão consultivo e deliberativo, com a finalidade de assessorar, estudar e propor ao Conselho de Governo diretrizes de políticas governamentais para o meio ambiente e os recursos naturais e deliberar, no âmbito de sua competência, sobre normas e padrões compatíveis com o meio ambiente ecologicamente equilibrado e essencial à sadia qualidade de vida. O Conama, formado por representantes do Poder Público federal, estadual e municipal, além de representantes da sociedade civil, é considerado o órgão mais atuante na produção de normas em nível nacional, editando diversas normas materiais e procedimentais na seara do licenciamento ambiental.

Posteriormente, o Decreto Federal nº 88.351/1983 regulamentou a Lei Federal nº 6.938/1981, sendo em seguida revogado pelo Decreto Federal nº 99.274/1990, que passou a regulamentar a referida lei.

Após a Lei Federal nº 6.938/1981 e seu decreto, a Resolução Conama nº 01/1986 deu azo às primeiras diretrizes de como avaliar o impacto ambiental de grandes obras que seriam instaladas a partir desse ponto, definindo os conceitos de estudo de impacto ambiental (EIA) e seu relatório (Rima).

Com o advento da legislação citada, a preocupação no País sobre a necessidade de licenciar as atividades que utilizam recursos ambientais começou a ganhar magnitude, em conformidade com a nova consciência de que os recursos naturais devem ser protegidos e cuidados.

Essa diretriz foi considerada na Constituição Federal de 1988. Apesar de não fazer menção explícita ou literal ao licenciamento ambiental, o documento assegura que "Todos têm direito ao meio ambiente ecologicamente equilibrado, bem de uso comum do povo e essencial à sadia qualidade de vida, impondo-se ao Poder Público e à coletividade o dever de defendê-lo e preservá-lo para as presentes e futuras gerações" e, ainda, que se deve "exigir, na forma da lei, para instalação de obra ou atividade potencialmente causadora de significativa degradação do meio ambiente, estudo prévio de impacto ambiental, a que se dará publicidade" (art. 225, *caput* e § 1º, IV). Dessa forma, exsurge-se a base constitucional para o controle ambiental por meio do licenciamento.

3.2.2 Legislações recentes

Com a experiência que os primeiros processos de licenciamento ambiental trouxeram aos diversos órgãos licenciadores, as legislações passaram por vários processos de aprimoramento, tendo em vista a busca pela melhor forma de defender o meio ambiente.

Entre essas legislações, tem-se a Resolução Conama nº 237/1997, que consiste em um documento norteador, pois define o processo de licenciamento ambiental em nível nacional, trazendo em seu conteúdo regras, procedimentos, objetos e prazos para licenciamento. Essa resolução conceitua, em seu art. 1°, II, a licença ambiental como o ato final do processo do licenciamento ambiental, nos seguintes termos:

> II – Licença Ambiental: ato administrativo pelo qual o órgão ambiental competente estabelece as condições, restrições e medidas de controle ambiental que deverão ser obedecidas pelo empreendedor, pessoa física ou jurídica, para localizar, instalar, ampliar e operar empreendimentos ou atividades utilizadoras dos recursos ambientais consideradas efetiva ou potencialmente poluidoras ou aquelas que, sob qualquer forma, possam causar degradação ambiental.

Convém destacar também a Resolução Conama n° 428/2010 – em substituição à Resolução n° 13/1990 –, que determinou, entre outras medidas, a relação do licenciamento ambiental com os órgãos gestores de unidades de conservação (UCs).

Salienta-se ainda a Lei Complementar n° 140/2011, que fixa normas, nos termos dos incisos III, VI e VII do *caput* e do parágrafo único do art. 23 da Constituição Federal, para a cooperação entre a União, os Estados, o Distrito Federal e os Municípios nas ações administrativas decorrentes do exercício da competência comum, relativas à proteção das paisagens naturais notáveis, à proteção do meio ambiente, ao combate à poluição em qualquer uma de suas formas e à preservação das florestas, da fauna e da flora. O art. 20 dessa lei também altera o art. 10 da Lei n° 6.938/1981, que passa a vigorar com a seguinte redação:

> Art. 10. A construção, instalação, ampliação e funcionamento de estabelecimentos e atividades utilizadores de recursos ambientais, efetiva ou potencialmente poluidores ou capazes, sob qualquer forma, de causar degradação ambiental dependerão de prévio licenciamento ambiental.

Em seu art. 2°, a Lei Complementar n° 140/2011 estabelece o seguinte conceito legal de licenciamento ambiental:

> I – licenciamento ambiental: o procedimento administrativo destinado a licenciar atividades ou empreendimentos utilizadores de recursos ambientais, efetiva ou potencialmente poluidores ou capazes, sob qualquer forma, de causar degradação ambiental.

Tradicionalmente, o licenciamento é dividido em três fases: a licença prévia, a licença de instalação e a licença de operação. Elas podem ser emitidas isolada ou conjuntamente, conforme legislação em vigor.

Há ainda as variantes de licença, com nomenclaturas como *precária*, *parcial*, *renovação* e *regularização*, além da autorização ambiental comentada pelo documento *Procedimentos de Licenciamento Ambiental do Brasil*, editado pelo Ministério do Meio Ambiente:

> Apesar de não configurar licença ambiental, o ato administrativo denominado Autorização Ambiental surgiu da necessidade encontrada em cada estado/município/distrito em lidar com suas singularidades territoriais e econômicas não contempladas pela legislação federal e suas regulamentações e pelas resoluções do Conama. É fato que as atividades e empreendimentos passíveis de autorização ambiental não possuem caráter potencial ou efetivamente poluidor, porém alicerçados pelo princípio da precaução e da prevenção os entes da Federação optaram por promover o controle das atividades ou empreendimentos por meio de Autorizações Ambientais de caráter precário e natureza discricionária. (Brasil, 2016).

Outra legislação que afeta o tema é a Lei Federal n° 9.605/1998, a Lei de Crimes Ambientais, que "dispõe sobre as sanções penais e administrativas derivadas de condutas e atividades lesivas ao meio ambiente, e dá outras providências". Essa norma de cunho criminal e administrativo estabelece quais são as sanções e suas formas de aplicação para todos aqueles que causarem dano ao meio ambiente em suas diversas formas.

Essas e muitas outras legislações são a base para o trabalho dos órgãos licenciadores, que será discorrido ao longo deste capítulo.

3.3 Órgãos licenciadores

Atualmente, os órgãos das três esferas estão organizados no Sistema Nacional do Meio Ambiente (Sisnama). É constituído pelos órgãos e entidades da União, dos Estados, do Distrito Federal, dos Municípios e pelas fundações instituídas pelo Poder Público, responsáveis pela proteção e melhoria da qualidade ambiental.

O Sisnama foi instituído pela Política Nacional do Meio Ambiente e tem como objetivo estabelecer padrões e implementar de forma sistemática mecanismos e instrumentos capazes de conferir maior proteção ao meio ambiente, proporcionando o uso racional dos recursos naturais e o desenvolvimento socioeconômico.

A atuação do Sisnama dá-se mediante articulação coordenada dos órgãos e entidades que o constituem. Ao Governo Federal estão atribuídas as responsabilidades de formular a política nacional e criar as diretrizes governamentais para o meio ambiente e os recursos naturais, bem como de executar e se fazer executar tais medidas, por meio de seus diversos órgãos, como o Ministério do Meio Ambiente (MMA), o Conselho Nacional do Meio Ambiente (Conama), o Instituto Brasileiro do Meio Ambiente e dos Recursos Naturais Renováveis (Ibama) e o Instituto Chico Mendes de Conservação da Biodiversidade. Cabe, então, aos Estados, ao Distrito Federal e aos Municípios a regionalização das medidas emanadas do Sisnama, elaborando normas e padrões supletivos e complementares.

Esse dispositivo incentivou significativamente a participação da sociedade civil nas atividades de proteção ambiental e promoveu importantes mudanças no desenvolvimento da legislação ambiental, possibilitando que representantes da sociedade civil participassem de decisões tomadas em conselhos e comitês gestores vinculados ao Ministério do Meio Ambiente. Além disso, também fortaleceu os Municípios que desejavam licenciar atividades em seu território.

Em todo o País, o Poder Executivo é único órgão responsável pelo ato de licenciar. Dividem-se, porém, as atribuições entre as três esferas da federação, conforme preconiza a Lei Complementar nº 140/2011, em seu art. 7º (competência da União), art. 8º (competência dos Estados) e art. 9º (competência dos Municípios).

Em uma primeira separação de atribuições, em suma, pode-se usar o seguinte raciocínio:

- Se o empreendimento, obra ou atividade for realizada conjuntamente entre o Brasil e um ou mais países limítrofes, ou no mar territorial, na plataforma continental, em terras indígenas, em

UCs da União, ou se for localizada em dois ou mais Estados da Federação, ou se envolver energia nuclear ou, por último, se for de caráter militar federal, o licenciamento ambiental será realizado pelo Instituto Brasileiro do Meio Ambiente e dos Recursos Naturais Renováveis (Ibama).

- Se o empreendimento, obra ou atividade for realizada conjuntamente e/ou for localizada entre dois ou mais Municípios limítrofes, em UCs do Estado, ou ainda se a tipologia a ser realizada for disposta em legislação própria, o licenciamento caberá ao órgão estadual.
- Se o empreendimento, obra ou atividade for de impacto local restrito ao território de um Município, se a legislação assim o permitir (convênios, resoluções estaduais ou leis municipais específicas), o licenciamento ambiental poderá ser realizado pelo próprio Município impactado.

Por conta do ordenamento jurídico nacional, o ente federativo não poderá legislar sobre algo que divirja das competências estabelecidas pela Lei Complementar nº 140/2011 para outro ente federativo, nem poderá estabelecer atribuições a si mesmo ou a outros que contrariem o disposto em regra de ente superior.

3.3.1 A legitimação dos Municípios como licenciadores

Assim como em nível nacional, em que há uma sólida estrutura para o licenciamento ambiental (com destaque ao Ibama e Conama), os Estados também se fortaleceram para dar azo a tal mister. Conselhos Estaduais de Meio Ambiente foram criados no âmbito das Secretarias Estaduais, e legislações próprias a cada realidade regional foram promulgadas, dando a cada Estado a atribuição de licenciar conforme seu interesse.

No tocante ao licenciamento ambiental, os órgãos estaduais são a principal estância licenciadora, especialmente em quantidade de tipologias, já que, atualmente, o Ibama cuida das questões estratégicas da União (como não poderia deixar de ser) e a maioria esmagadora dos Municípios do País não tem estrutura técnico-administrativa para o licenciamento ambiental municipalizado.

Alguns Estados, como, por exemplo, São Paulo, criaram Companhias Públicas para serem responsáveis pelo licenciamento: a Companhia Ambiental do Estado de São Paulo (Cetesb) é referência em qualidade técnica como órgão licenciador.

Não obstante a importância da atuação dos referidos entes federativos (União e Estados), restaram lacunas de controle de empreendimentos e atividades de impacto local, pois a atuação estadual nem sempre respondia com a experiência e a vivência específicas aos interesses municipais, o que acarretava a falta de celeridade, especialmente por causa da falta de especificidade em relação a questões que envolvem as cidades. Ademais, percebeu-se que havia hiatos no rol dos empreendimentos, obras e atividades que não eram licenciados por órgãos superiores, mas que causavam impactos ambientais significativos em âmbito local.

Dessa forma, iniciou-se o movimento em prol da municipalização do licenciamento ambiental, que varia em cada Estado da Federação e até hoje está em andamento.

Essa responsabilidade que os Municípios passaram a se atribuir adquire, segundo Fink, Alonso Júnior e Dawalibi (2002, p. IV), um sentido transcendental:

> O licenciamento ambiental, em sua aparente simplicidade se comparado à complexa problemática do meio ambiente, adquire, assim, um sentido transcendental. Com efeito, esta forma de agir localmente traduz com precisão um modo de pensar globalmente. Todos os licenciamentos ambientais, juntos, não se somam simplesmente: eles multiplicam os seus resultados benéficos em prol do ecossistema planetário. São fatores sinérgicos.

Para expandir a municipalização do licenciamento ambiental, alguns Estados deliberaram, através de seus respectivos Consemas, que Municípios poderiam se tornar órgãos licenciadores se atingissem um número mínimo de pré-requisitos. Antes da edição da Lei Complementar nº 140/2011, outros Estados firmavam convênios específicos para tal finalidade. Outrossim, alguns Municípios decidiram, por conta própria, iniciar o licenciamento desses objetos que estavam na lacuna da norma.

A iniciativa municipalista foi consolidada, em nível nacional, na Lei Complementar nº 140/2011, especialmente no seu art. 9º já citado. Na esfera nacional, destaca-se que, de acordo com essa lei, é exigido apenas um órgão ambiental capacitado e um Conselho de Meio Ambiente para que os Municípios assumam a competência para o licenciamento ambiental de obras, empreendimentos e atividades de interesse local.

No Estado de São Paulo, por exemplo, o licenciamento ambiental pelos órgãos municipais é regido pela Deliberação Normativa Consema nº 01/2018, que "fixa tipologia para o licenciamento ambiental municipal de empreendimentos e atividades que causem ou possam causar impacto ambiental no âmbito local, nos termos do art. 9º, inciso XIV, alínea *a* da Lei Complementar nº 140/2011" (conforme ementa da referida deliberação), estipulando um escalonamento de competências, consoante a capacidade de estrutura dos Municípios bandeirantes.

O Estado do Rio Grande do Sul, por sua vez, avançou ainda mais na municipalização do licenciamento ambiental, com destaque para a edição de duas normas: as Resoluções nºs 372/2018 e 375/2018 do Conselho Estadual do Meio Ambiente (Consema), que concedem grande autonomia aos Municípios para licenciar empreendimentos, obras e atividades de impacto local. De acordo com a Secretaria Estadual de Meio Ambiente, dos 497 Municípios do Estado, 480 já fazem o licenciamento local (96,5%). O Estado, por meio da Fundação Estadual de Proteção Ambiental Henrique Luis Roessler (Fepam), instituição responsável pelo licenciamento ambiental no Rio Grande do Sul, firmou também convênios de delegação de competências (em licenciamento e fiscalização ambiental) daquelas atividades definidas como de impacto supralocal, possibilitando que os Municípios conveniados atuem no licenciamento dessas atividades (caracterizadas nas tabelas anexas a cada um dos convênios).

Todo esse avanço na área é subsidiado pela Lei Complementar nº 140/2011 que permite, em seu art. 5º, a possibilidade de os Municípios licenciarem atividades de impacto supramunicipal, mediante convênio. Parece-nos salutar que essa prática seja espraiada pela nação, especialmente em cidades que têm o processo de licenciamento ambiental amadurecido, como Rio de Janeiro, São Paulo, Recife, Campinas, entre outros.

3.4 Responsabilidade compartilhada entre os entes federativos

Para entender como e por que os Municípios atuam hoje na questão do licenciamento ambiental, resgata-se a Lei Complementar nº 140/2011, que definiu as competências de cada ente federativo. A norma nacional, em seu art. 9º, discorre sobre as competências municipais (especificamente sobre o tema de comando e controle das intervenções no meio ambiente local). Os incisos XIII a XV dessa lei atribuem como ações administrativas dos Municípios:

> XIII – exercer o controle e fiscalizar as atividades e empreendimentos cuja atribuição para licenciar ou autorizar, ambientalmente, for cometida ao Município;
> XIV – observadas as atribuições dos demais entes federativos previstas nesta Lei Complementar, promover o licenciamento ambiental das atividades ou empreendimentos:
> a) que causem ou possam causar impacto ambiental de âmbito local, conforme tipologia definida pelos respectivos Conselhos Estaduais de Meio Ambiente, considerados os critérios de porte, potencial poluidor e natureza da atividade; ou
> b) localizados em unidades de conservação instituídas pelo Município, exceto em Áreas de Proteção Ambiental (APAs);
> XV – observadas as atribuições dos demais entes federativos previstas nesta Lei Complementar, aprovar:
> a) a supressão e o manejo de vegetação, de florestas e formações sucessoras em florestas públicas municipais e unidades de conservação instituídas pelo Município, exceto em Áreas de Proteção Ambiental (APAs); e
> b) a supressão e o manejo de vegetação, de florestas e formações sucessoras em empreendimentos licenciados ou autorizados, ambientalmente, pelo Município.

Um ponto de destaque nessa norma consiste nas ações de caráter supletivo. Essa mesma lei disciplina que, quando o outro ente federativo deixar de licenciar os empreendimentos e atividades sob sua responsabilidade, ao ente federativo superior é conferida a atribuição de promover, em caráter supletivo, o controle ambiental, nos termos dos arts. 15 a 17. Tais comandos legais visam manter a estabilidade do processo de licenciamento ambiental, para que não deixe de ter resguardo em caso de ineficácia ou ineficiência do ente federativo abaixo na linha do pacto federativo.

3.5 Licenciamento ambiental em âmbito municipal

Como visto anteriormente, entre as atribuições designadas aos Municípios coube também a criação, estruturação e organização de seus respectivos órgãos ambientais locais para dar conta do processo de licenciamento ambiental municipal.

3.5.1 Atribuições atuais dos Municípios

Os Municípios têm dúplice competência no processo de licenciamento ambiental: licenciam diretamente no que lhes compete ou são ouvidos no bojo dos processos de licenciamento estadual, distrital (quando do exercício da competência estadual) ou federal, consoante art. 13, § 1º, da Lei Complementar nº 140/2011, e art. 4º, § 1º, da Resolução Conama nº 237/1997.

Cumpre ressaltar que eventual vinculação ao parecer municipal pelo órgão licenciador estadual, distrital e/ou federal é feita em relação à compatibilidade com a lei de uso do solo, ou seja, uma questão de ordem urbanística, e não ambiental. Essa é uma das maiores queixas dos órgãos ambientais municipais: suas demandas e restrições de caráter ambiental nem sempre são acatadas, ainda que sejam embasadas em posicionamentos técnicos.

Quanto ao processo de licenciamento direto, os Municípios atuam em similar posição à dos outros órgãos ambientais licenciadores no que diz respeito ao recebimento do pedido, análise técnica, oitiva da comunidade e emissão das licenças ambientais e autorizações distintas – por exemplo, para a intervenção em áreas verdes e em UCs municipal, entre outras.

Ademais, ao Município é facultado definir as regras específicas quanto aos ritos que serão seguidos, a forma de protocolização dos pedidos (por exemplo, os procedimentos informatizados), os documentos necessários para instrução do processo (documentos burocráticos e estudos técnicos), os prazos de análise e as taxas cobradas (junto às possíveis isenções).

Cabe, assim, às Secretarias Municipais de Meio Ambiente (ou órgãos ambientais equivalentes) a emissão de licenças e autorizações ambientais para empreendimentos e atividades que apresentem impacto local ao meio ambiente.

3.5.2 Experiências de licenciamento ambiental de empreendimentos ou atividades de impacto local

Traz-se, nesta seção, uma contextualização das atribuições atuais dos Municípios quanto ao licenciamento ambiental. Em seguida, são apresentados alguns estudos de caso – Rio de Janeiro (RJ), Campo Grande (MS) e Campinas (SP).

A experiência do Rio de Janeiro (RJ)

O Município do Rio de Janeiro deu início ao licenciamento das atividades de impacto local por meio da sua Secretaria Municipal de Meio Ambiente (Smac) – criada pela Lei Municipal nº 2.138/1994 –, após firmar convênio com o governo do Estado em janeiro de 2007.

Inicialmente, a legislação do Estado permitiu a possibilidade de delegação, pelo Instituto Estadual do Ambiente (Inea), da competência de licenciar ambientalmente algumas atividades para os Municípios que atendessem a uma série de pré-requisitos, nos termos do Decreto nº 40.793/2007.

Depois disso, a legislação estadual avançou ainda mais com os Decretos nºs 42.050/2009 e 42.440/2010, que permitiram a celebração de convênios entre o Estado e os Municípios para delegação de competências de licenciamento ambiental de atividade de baixo e médio impacto local.

Atualmente, o licenciamento ambiental municipal está regulamentado pela Resolução Consema nº 42/2012, pelo Decreto Estadual nº 44.820/2014 e pelo Decreto Municipal nº 40.722/2015. Este, inclusive, criou o Sistema Licenciamento Ambiental Municipal (SLAM), que é uma importante ferramenta para a abordagem do tema no Município.

Um dos pontos de destaque do Decreto Municipal nº 40.722/2015 foi permitir que o Município proceda, por meio de legislação local, a outras tipologias para além da lista clássica estipulada pelo Estado. Uma delas é a tipologia do licenciamento de empreendimentos imobiliários, regulamentada pela Resolução SMAC nº 605/2015. O licenciamento dessa tipologia assemelha-se à opção adotada por Campinas (SP), que será retomada adiante.

Além das licenças ambientais municipais, o SMAC está apto a emitir autorizações para remoção de vegetação, realização de eventos ou pesquisa científica; certidões de inexigibilidade, dispensa ou cumprimento de condicionantes; e demais documentos, tais como termos de encerramento, averbação, instruções técnicas e cadastro ambiental municipal.

O Município carioca também possui o Conselho Municipal de Meio Ambiente da Cidade do Rio de Janeiro (Consemac), que acompanha todas as fases e procedimentos do licenciamento ambiental municipal através de sua Câmara Setorial Permanente de Licenciamento e Fiscalização Ambiental.

A experiência de Campo Grande (MS)

O Estado de Mato Grosso do Sul também adotou o processo de municipalização do licenciamento ambiental. Para tal, seus Municípios devem aderir, por meio do Instituto de Meio Ambiente de Mato Grosso do Sul (Imasul), ao Termo de Cooperação Técnica (TCT).

O Município de Campo Grande licencia atividades de impacto local desde o ano de 1999, com a promulgação da Lei Municipal nº 3.612/1999, que instituiu o Sistema Municipal de Licenciamento e Controle Ambiental (Silam) e criou o Fundo Municipal de Meio Ambiente (FMMA). Atualmente, o licenciamento ambiental é executado, na cidade, pela Secretaria Municipal do Meio Ambiente e Gestão Urbana (Semadur).

Com o advento das legislações superiores, o Silam foi aperfeiçoado e hoje permite ao Município licenciar as seguintes atividades, conforme a legislação municipal: bar com música ao vivo; boate; templo religioso; auditório; ginásio de esportes; condomínio residencial; conjunto habitacional; edifício residencial; loteamento; desmembramento; indústria; rodovia; ferrovia; drenagem; linha de transmissão de energia; obra de saneamento; lavagem de veículos e motos; serviço de limpa-fossa; extração mineral (areia, argila, arenito, cascalho, basalto); piscicultura; pesque e pague; viveiro de mudas; estrutiocultura; posto de revenda; posto de abastecimento; distribuidora; transporte revendedor retalhista; laboratório; clínica; posto de saúde; hospital; maternidade; manutenção de veículos/motos (oficina mecânica); marcenaria; serraria; fabricação de estruturas metálicas (serralheria); marmoraria; entre outros.

Ao examinar a lista de tipologias licenciáveis por esse ente federativo, percebe-se que o Município avançou em pontos nos quais Municípios de outros Estados desejam avançar, mas que costumam ser licenciados pelos órgãos estaduais, como obras de saneamento, postos de abastecimento, rodovias e ferrovias. Por outro lado, percebe-se também o licenciamento de atividades mais corriqueiras, como marcenarias, serralherias e marmorarias.

Assim, pela análise do processo de municipalização do Município de Campo Grande, é possível entender que Municípios de grande porte e com equipe qualificada podem realizar licenciamentos de âmbito local de atividades muito diversas, o que é primordial para se avançar na agenda da municipalização do licenciamento ambiental.

A experiência de Campinas (SP)

Iniciado no ano de 2009 após convênio com a Companhia Ambiental do Estado de São Paulo (Cetesb), o licenciamento ambiental em Campinas foi estruturado para atender a uma demanda cada vez maior de proteção ao meio ambiente que a cidade demandava.

O licenciamento ambiental municipal de Campinas é regido atualmente pela Lei Complementar nº 49/2013, que "dispõe sobre os procedimentos para o licenciamento e controle ambiental de empreendimentos e atividades de impacto local, na forma que especifica", e pelo Decreto Municipal nº 18.705/2015, que regulamenta esses procedimentos por meio da Secretaria do Verde, Meio Ambiente e Desenvolvimento Sustentável de Campinas (SVDS), de que trata a referida lei. A base legal atual foi necessária para conferir uma maior segurança institucional à atuação da pasta, que também teve sua estrutura administrativa reforçada com a instituição dessa Secretaria, por meio da Lei Complementar nº 59/2014.

Em sede local, são licenciados seis grupos de tipologias: empreendimentos imobiliários, infraestrutura, áreas verdes, atividades poluidoras, movimentação de terra e mineração.

Essas tipologias licenciadas em âmbito municipal, bem como seus respectivos empreendimentos, obras e atividades, são atribuídas por duas fontes normativas: a Deliberação Consema Normativa nº 01/2018, que permite a Campinas licenciar as atividades de alto impacto ambiental, e a própria legislação municipal, que atribuiu, inclusive, outras tipologias que o Município entende como pertinentes ao licenciamento local, como a Lei Complementar nº 49/2013 e seu Decreto Regulamentador nº 18.705/2015. Essas tipologias, em sua maioria, substituem as que originalmente faziam parte do convênio firmado com o governo do Estado, com base na Deliberação Consema nº 33/2009.

Uma das tipologias atribuídas pela legislação municipal é a de empreendimentos imobiliários, uma vez que Campinas tem um processo crescente de urbanização e possui um pujante mercado imobiliário, e essas tradicionais construções resultam em um grande impacto ambiental. A legislação atual exige o licenciamento de empreendimentos imobiliários, independentemente de sua finalidade, com área construída acima de 750 m² na região da Área de Preservação Ambiental (APA) e 2.500 m² no restante do território.

No tocante às obras de infraestrutura, a maior parte delas constam da já mencionada Deliberação Consema nº 01/2014, porém há algumas tipologias não conferidas ao licenciamento municipal por essa Deliberação que o Município entende como passíveis de licenciamento local (assim como os empreendimentos imobiliários). Agrupam-se em quatro tipos: transportes, saneamento, energia e dutos.

A SVDS também licencia pedidos de intervenção em áreas verdes, sendo que a maior parte das tipologias desse grupo são oriundas da Deliberação Consema nº 01/2014. São analisados pedidos de supressão de árvores nativas e exóticas isoladas em área urbana, intervenção em área de preservação permanente (APP) e em área urbana (quando a área se apresentar sem vegetação, ou com árvores isoladas ou vegetação do bioma Mata Atlântica em estágio pioneiro ou inicial de regeneração, mediante anuência prévia da Cetesb), supressão de vegetação secundária do bioma Mata Atlântica (em estágios inicial e médio de regeneração, em área urbana e fora de APP) e de bosque de espécies exóticas (tipologia abarcada pelo Município), supressão de árvores situadas no passeio ou em área pública e, por fim, transplantio de árvores (esses três últimos apenas quando vinculados a empreendimentos e atividades em fase de licenciamento ambiental).

Também são licenciadas pelo Município as atividades potencialmente poluidoras, ou seja, atividades industriais e de serviços que podem causar impactos ao meio ambiente. As atividades licenciadas são as determinadas pela Deliberação Consema Normativa nº 01/2014 e, nesse rol específico, optou-se por não incluir novas tipologias.

Para finalizar as tipologias de licenciamento a cargo da SVDS, a Coordenadoria de Suporte Geológico trata também dos pedidos de autorização para movimentação de terra (quando esta está dissociada de outros tipos de licenciamento) e da análise de atividades minerárias (com emissão de Licença Específica de Mineração e de Exame Técnico Municipal).

Além da legislação mencionada, com o objetivo de afastar a subjetividade tanto no pedido quanto na análise em sede de licenciamento ambiental, a municipalidade publicou resoluções contendo termos de referência (TR) para cada estudo ambiental a ser apresentado no procedimento. Instituiu-se também a obrigatoriedade da oitiva dos Conselhos Ambientais com interface direta na seara ambiental – o Conselho Municipal de Defesa do Meio Ambiente (Comdema) e o Conselho Gestor da APA de Campinas (Congeapa).

A maior parte dos Municípios brasileiros apresenta processo de urbanização irregular ou ilegal. Em vista disso, o tema da regularização fundiária, bem como a abordagem de três experiências focadas nesse tema, será desenvolvido na próxima seção.

3.5.3 Municipalização do licenciamento ambiental de regularização fundiária

Um dos desafios para os Municípios consiste na questão fundiária e suas interfaces junto ao meio ambiente. Regramentos específicos sobre o assunto devem evoluir de forma a ponderar a questão social e a questão ambiental, cada uma com seus pesos específicos, sem ignorar a importância de ambos, buscando a harmonia entre as duas diretrizes de políticas públicas em sede local, especialmente frente à legislação federal em vigência.

Sabe-se que a expansão desordenada nas cidades brasileiras ocasionou situações de clandestinidade e irregularidade, com o surgimento de favelas, núcleos ou ocupações e a degradação da paisagem, do meio ambiente natural, urbano e cultural, entre outras mazelas de cunho social e econômico.

Dessa forma, a regularização fundiária e a urbanização de áreas ocupadas por população de baixa renda mediante o estabelecimento de normas especiais de urbanização, uso e ocupação do solo e de edificação, consideradas a situação socioeconômica da população e as normas ambientais, são duas das diretrizes gerais da política urbana, que têm por objetivo ordenar o pleno desenvolvimento das funções sociais da cidade e da propriedade urbana, conforme dispõe o Estatuto da Cidade.

Recentemente, a Lei Federal nº 13.465/2017, que dispõe sobre a regularização fundiária rural e urbana, alterou a Lei Federal nº 11.977/2009, que cuida do Programa Minha Casa, Minha Vida (PMCMV) e da regularização fundiária de assentamentos localizados em áreas urbanas. Essa lei instituiu também normas gerais e procedimentos aplicáveis à Regularização Fundiária Urbana (Reurb) em todo o território nacional, a qual abrange medidas jurídicas, urbanísticas, ambientais e sociais destinadas à incorporação dos núcleos urbanos informais ao ordenamento territorial urbano e à titulação de seus ocupantes.

De acordo com o art. 13 da Lei nº 13.465/2017, a Regularização Fundiária Urbana (Reurb) compreende duas modalidades: Reurb de Interesse Social (Reurb-S) e Reurb de Interesse Específico (Reurb-E). A Reurb-S é a regularização fundiária aplicável aos núcleos urbanos informais ocupados predominantemente por população de baixa renda, assim declarados em ato do Poder Executivo Municipal. A segunda modalidade, Reurb-E, não será tratada neste capítulo.

O processo de regularização deve propiciar a compatibilização do direito à moradia com a recuperação de áreas degradadas e a preservação ambiental. Ademais, o projeto de regularização fundiária deve considerar as características da ocupação e da área ocupada para definir parâmetros urbanísticos e ambientais específicos, além de identificar os lotes, as vias de circulação e as áreas destinadas a uso público, quando for o caso.

A regularização ambiental, especificamente, diz respeito a ações e programas preventivos e compensatórios para o meio ambiente e confunde-se, em parte, com a modalidade urbanística, já que a projeção de equipamentos de esgotamento sanitário e de água tratada, por exemplo, atendem ao prisma ambiental da regularização fundiária.

Em seu art. 11, § 2°, a Lei n° 13.465/2017 traz que:

> § 2° Constatada a existência de núcleo urbano informal situado, total ou parcialmente, em área de preservação permanente ou em área de unidade de conservação de uso sustentável ou de proteção de mananciais definidas pela União, Estados ou Municípios, a Reurb observará, também, o disposto nos arts. 64 e 65 da Lei 12.651/2012, hipótese na qual se torna obrigatória a elaboração de estudos técnicos, no âmbito da Reurb, que justifiquem as melhorias ambientais em relação à situação de ocupação informal anterior.

Na Lei Federal n° 12.651/2012 consta que, na regularização fundiária de interesse social dos assentamentos inseridos em área urbana de ocupação consolidada e que ocupem alguma APP, a regularização ambiental será admitida por meio da aprovação do projeto de regularização fundiária, de acordo com a Lei Federal n° 11.977/2009.

Para fundamentar a decisão do órgão ambiental competente, o estudo técnico que condiciona a regularização fundiária de interesse social em APP deve ser realizado por um profissional legalmente habilitado, além de estar vinculado ao projeto de regularização fundiária, caracterizar a situação ambiental da área a ser regularizada e propor intervenções para o controle de riscos geotécnicos e de inundações.

Ressalta-se que, do ponto de vista ambiental, há benefícios em retirar famílias das APPs, como, por exemplo, a liberação das margens de córregos e nascentes, a promoção do aumento significativo de áreas permeáveis, a apresentação de um programa de arborização urbana em grande escala, a ampliação da cobertura vegetal com criação de áreas verdes, o repasse de áreas públicas de lazer à municipalidade e a execução do saneamento básico, além de outros ganhos de cunho ambiental que o processo pode produzir.

É importante destacar, ainda, que a regularização fundiária não deve significar apenas a existência de um título registrado em cartório, que devidamente garanta ao morador a posse de seu lote, mas também deve ser compreendida como uma solução integrada para as questões de degradação ambiental e social, de situação de risco e de falta ou precariedade de infraestrutura, sistema viário e áreas públicas.

Trazer o enfrentamento da regularização fundiária de interesse social ao Município promove também o ganho na celeridade do processo, visto que os órgãos ambientais estaduais também são sobrecarregados nessa área. Isso quando o fazem – muitas vezes, forma-se uma lacuna e a regularização acaba não sendo realizada.

A seguir, traz-se a lume outras experiências locais de municipalização do licenciamento ambiental de regularização fundiária.

A experiência de São José do Rio Preto (SP)

O Município de São José do Rio Preto editou uma lei específica para a regularização fundiária, criando uma comissão multissetorial denominada Comissão Permanente de Urbanização e Legislação dos Loteamentos em fase de Regularização (Copeur). A Copeur é presidida pelo Secretário de Habitação, porém a decisão sobre o processo de licenciamento da regularização fundiária é dos membros que a compõem, mediante decisão colegiada.

Após a etapa de demarcação urbanística e análise jurídica da matrícula da área do loteamento, é instaurado o processo de regularização fundiária por deliberação do órgão colegiado. Em seguida, é realizado o levantamento planialtimétrico e cadastral em área ocupada, ou seja, um trabalho de campo que consiste no levantamento dos lotes e seus ocupantes.

Atualmente, São José do Rio Preto conta com a Lei Municipal nº 10.547/2009, que dispõe sobre o programa municipal de regularização fundiária e urbanística de assentamentos ou loteamentos irregulares e clandestinos, consolidados em núcleos habitacionais situados nas zonas urbana e de expansão urbana, e regulamenta as funções da comissão permanente de urbanização e legislação dos loteamentos irregulares e clandestinos.

A experiência de Salvador (BA)

O Município de Salvador possui um programa de regularização fundiária denominado Casa Legal, que tem como objetivo promover o acesso legal à posse do uso da terra e assegurar aos ocupantes o direito à moradia e o exercício da cidadania.

Esse programa tem como um dos instrumentos a concessão de uso especial para fins de moradia (CEM) que está regulamentado pelo Estatuto da Cidade (Lei nº 10.257/2001), e pela Lei Municipal nº 6.099/2002, que "dispõe sobre a concessão de uso especial para fins de moradia, alienação e avaliação de imóveis, criando o fundo municipal de habitação (FMH) e dá outras providências".

Para ser contemplado pelo programa, o morador deve residir em área urbana pertencente ao Município, ocupar área de até 250 m², utilizar o terreno para fins de moradia própria ou de sua família, não ser proprietário ou concessionário de outro imóvel urbano ou rural, não ter sido beneficiado pelo programa de regularização fundiária e possuir uma renda familiar de até seis salários mínimos. Além desses fatores, o imóvel não pode estar localizado em área de risco e deve conter as mínimas condições de moradia.

Além dessas áreas públicas ocupadas, o programa Casa Legal também estuda a regularização fundiária em áreas privadas, mas que já estão ocupadas há muito tempo pela população.

A experiência de Campinas (SP)

Em outro passo importante na pauta de proteção do meio ambiente e de garantia de cidadania para a população de baixa renda, Campinas municipalizou o licenciamento ambiental para fins de regularização fundiária de interesse social dos parcelamentos irregulares que ocorriam no Município, como será tratado mais adiante neste capítulo. A estrutura de competências, processos e procedimentos calcados no âmbito institucional-legal, o incremento com equipe técnica capacitada e a condução propositiva dos trabalhos realizados em todas as áreas permitiram que a SVDS se tornasse referência na área de licenciamento ambiental. O *feedback* é positivo inclusive por parte dos empreendedores que investem no Município, por causa da total clareza, idoneidade e celeridade desejada durante o processo de licenciamento.

O enfrentamento da questão da regularização fundiária começou no Município de Campinas durante a vigência da Lei Federal nº 11.977/2009, recentemente alterada pela Lei Federal nº 13.465/2017, que dispõe sobre a regularização fundiária rural e urbana. Atualmente, o licenciamento ambiental para fins de regularização fundiária de interesse social dos parcelamentos irregulares é regido pelo Decreto nº 18.705/2015 e pela Lei Complementar nº 120/2015, à luz das disposições da Lei Federal nº 11.977/2009, da Resolução Conama nº 369/2006, da Lei Municipal nº 11.834/2003, do Decreto Municipal nº 14.776/2004 e de demais normas pertinentes.

A decisão permitiu ao Poder Executivo Municipal regularizar definitivamente núcleos residenciais de interesse social que há décadas lutavam por seu reconhecimento. Para tanto, há uma coordenadoria específica na estrutura municipal que trata do assunto – a Coordenadoria Setorial de Apoio ao Licenciamento de Obras, Atividades e Empreendimentos de Impacto Local –, que tem como propósito principal prestar todos os serviços necessários à análise dos pedidos de licenciamento ambiental para fins de regularização fundiária de interesse social junto ao Município.

3.6 Novos rumos para os Municípios

A partir da experiência local de gestão ambiental, traz-se nesta seção algumas tendências de aperfeiçoamento do processo de licenciamento ambiental.

3.6.1 Fortalecimento dos conselhos ambientais

Os conselhos ambientais possuem papel estratégico, com destaque aos municipais, que retratam uma importante forma de inclusão na formação de políticas públicas locais, norteada pela participação cidadã. Esses conselhos representam a presença efetiva da comunidade no Estado, prestigiando a participação popular nos processos de formatação de políticas públicas e possibilitando ao administrador uma visão real, direta e célere de questões, demandas e desafios de cunho socioambiental.

Nas práxis da gestão ambiental, muitos dos conselhos de meio ambiente possuem a presidência vinculada ao órgão licenciador – normalmente, o Secretário de Meio Ambiente. Tal arranjo tem como principal benefício os encaminhamentos do órgão colegiado poderem se harmonizar de forma eficiente aos da gestão, quando em consenso. Por outro lado, a depender da forma de condução, essa vinculação pode suprimir a autonomia do conselho em tomar as decisões de acordo com o anseio da sociedade civil, quando estas divergem das decisões governamentais. O mesmo raciocínio se aplica à composição dos membros. Dessa forma, para conferir uma maior autonomia ao conselho, recomenda-se que a presidência seja autônoma e a composição do conselho, tripartite.

3.6.2 Transparência

A Administração Pública tem passado por enormes transformações ao longo dos últimos anos, em busca de eficiência, eficácia e efetividade na prestação dos serviços. Muito dessa transformação deriva do fato de a população brasileira ter sido mais atuante, cobrando das instituições públicas seriedade no trato com as ações de interesse coletivo.

Os órgãos de controle têm ampliado e fortalecido a sua fiscalização, a exemplo do Ministério Público, Tribunal de Contas, Poder Legislativo, Conselhos, entre outros. A Lei de Acesso à Informação (Lei Federal nº 12.527/2011) regulamenta o direito constitucional de acesso às informações públicas e tem oferecido, na prática, a base necessária para se obter cópias dos processos que tramitam pelos órgãos públicos, permitindo a fiscalização externa.

Mais importante do que isso é o fato de os órgãos licenciadores terem internalizado muitas das práticas de transparência: os pedidos de licenciamento são publicados (em Diários Oficiais e páginas da rede mundial de computadores), as licenças emitidas têm sua devida publicidade e os pareceres técnicos estão cada vez mais acessíveis à população.

O uso de sistemas de informática outrossim permite coroar as demandas constantes de lisura e transparência do sistema, bem como apresenta uma maior celeridade na resposta de acesso à informação.

3.6.3 Informatização dos processos

A era digital é uma realidade inafastável no que concerne à prestação de serviços privados, e com o serviço público não poderia ser diferente. A tendência do mundo moderno também vale para o processo de licenciamento ambiental. Com a imersão da sociedade no mundo digital cada vez mais intensificada, é natural que os procedimentos administrativos da esfera pública passem a ser exclusivamente digitais, como hoje o é a Declaração de Imposto de Renda, por exemplo.

Na gestão ambiental, pode-se falar, em um primeiro estágio, na impressão via internet do formulário de pedido de licenciamento ambiental (com as devidas triagens iniciais para instrução do pedido), no envio de informações via *e-mail* para os solicitantes e no uso de ferramentas, dentro do órgão ambiental, para a impressão de licenças ambientais em formulários pré-existentes. Em um segundo estágio, pode-se partir para a criação de bancos de dados, para o uso de ferramentas como o Google Earth (e demais ferramentas de SIG) e de programas de Desenho Assistido por Computador (CAD). Em um último estágio, há a criação de sistemas mais complexos e robustos, para que todo o procedimento de licenciamento ambiental seja feito de forma mais célere.

Como exemplo de sistema, tem-se o de Campinas, que instituiu o portal de Licenciamento Ambiental Online (LAO). Essa iniciativa, além de facilitar a análise técnica e a tramitação dos processos, visou a redução do uso de papel e de espaço físico para seu arquivamento e a agilização do processo de licenciamento, tratando-se de uma alternativa mais condizente com o princípio da sustentabilidade na prestação do serviço público.

Pelo sistema LAO, ocorre todo o procedimento do licenciamento municipalizado, como serviço de requerimento do licenciamento, geração de taxas, acompanhamento *on-line* das solicitações e emissão de documentos. Como novidade entre os sistemas *on-line*, o sistema LAO permite que os conselheiros ambientais de interface (Comdema e Congeapa) possuam acesso remoto ao processo. O sistema também está pronto para que as demais autoridades fiscalizadoras (Ministério Público, Tribunal de Contas, entre outros) possam acessá-lo.

Também há uma nova tendência na aprovação dos projetos urbanísticos e ambientais com o uso de ferramentas de BIM (*building information modeling*), assunto no qual a cidade de Salvador se tornou referência.

Esses e outros avanços possibilitam ao órgão gestor diminuir o tempo de emissão de licença, consequentemente atendendo aos prazos legais e diminuindo os estoques, eliminar a subjetividade na análise técnica, conferir maior transparência ao trabalho realizado e, por conseguinte, fortalecer institucionalmente o órgão ambiental.

3.6.4 Consórcios intramunicipais

Municípios podem se associar uns com os outros para formar consórcios com o objetivo específico de cuidar dos interesses regionais. Hoje já existem alguns embriões dessa forma de organização, e a tendência é que isso se espalhe ainda mais, não se restringindo somente às regiões metropolitanas e aglomerações urbanas.

Um caso pioneiro de consórcio intramunicipal é o Consórcio Lambari. Trata-se de uma associação pública sem fins lucrativos, com personalidade jurídica de direito público e autonomia administrativa, financeira e patrimonial, inicialmente criada com a finalidade de buscar soluções para os graves problemas ambientais da região sul do Estado de Santa Catarina, sobretudo aqueles relacionados à poluição causada pelos lixões, esgotos urbanos e dejetos suínos. Esse consórcio foi criado em 1° de junho de 2001, tendo como consorciados os Municípios de Alto Bela Vista, Arabutã, Concórdia, Ipira, Ipumirim, Irani, Itá, Jaborá, Lindóia do Sul, Paial, Peritiba, Piratuba, Presidente Castello Branco, Seara e Xavantina, que são integrantes da Associação de Municípios do Alto Uruguai Catarinense (Amauc).

A sede do Consórcio Lambari é no Município de Concórdia, no Estado de Santa Catarina. Com o advento da Lei Federal n° 11.107/2005, a qual "dispõe sobre normas gerais de contratação de consórcios públicos e dá outras providências", o Consórcio Lambari promoveu as adequações necessárias e passou a se constituir de personalidade jurídica de direito público. Conta com um Conselho de Prefeitos, uma Gerência Administrativa, uma Câmara Técnica e de Apoio e com os Grupos de Trabalho Municipal.

Outra experiência nessa linha, dessa vez em Minas Gerais, é o Consórcio Intermunicipal de Desenvolvimento Ambiental Sustentável do Norte de Minas (Codanorte), que em julho de 2018 iniciou o licenciamento ambiental dos Municípios consorciados, possuindo competência para realizar o licenciamento ambiental de 35 Municípios. O ganho de escala desse tipo de associação pode tornar possível o licenciamento ambiental em nível local e fortalecer a gestão ambiental do território, especialmente para os Municípios que não têm capital humano suficiente para dar azo à totalidade de tipologias de licenciamento demandadas.

3.6.5 Legislação unificada nacional

Há diversos movimentos de muitos setores distintos que clamam por uma "lei geral do licenciamento ambiental" que seja de abrangência nacional. Os diversos instrumentos legais que regem o licenciamento ambiental (muitos já citados) acabam por tornar o entendimento complexo e, por que não dizer, conflitante em muitos aspectos, tais como definições, prazos, tipologias licenciadas e dispensadas, formas de avaliação de impacto, entre muitos outros.

O Senado, a Câmara e o Poder Executivo Federal discutem cada um a própria versão de uma lei nacional. A elaboração de uma norma nacional com aspectos gerais sobre o licenciamento confere uniformidade e coerência com o procedimento desse instrumento de controle ambiental.

Todavia, tais debates não podem trazer mecanismos que maculem o princípio da prevenção ambiental e da proteção do meio ambiente. Todas as propostas apresentadas possuem retrocessos nesses dois eixos principais e têm sido alvo de críticas por diversos envolvidos no tema. Um exemplo desse retrocesso é que atividades que hoje são consideradas de alto impacto ambiental poderão ser dispensadas de licenciamento.

3.6.6 Subsídios para o licenciamento ambiental

Além de todas essas características do licenciamento ambiental, observa-se ainda a necessidade de se agregar instrumentos de planejamento como subsídio para o processo. Uma tendência atual de ferramenta de planejamento é a Avaliação Ambiental Estratégica (AAE), cuja definição é dada pela Secretaria de Meio Ambiente Estadual de São Paulo:

> A Avaliação Ambiental Estratégica (AAE) é o instrumento de planejamento que objetiva a avaliação dos impactos ambientais com visão estratégica para subsidiar o processo de tomada de decisão, auxiliando a integração ambiental e a avaliação de riscos e oportunidades de estratégias de ação associadas à formulação de PPPs associadas ao desenvolvimento sustentável. Esta consiste na avaliação da qualidade do meio ambiente, por meio de um procedimento sistemático e contínuo de alternativas de desenvolvimento com a elaboração de diagnósticos de referência, cenários tendenciais e propositivos – com análises e considerações estratégicas das alternativas para atingir os objetivos propostos, proposição de diretrizes de planejamento, monitoramento, gestão e avaliação concretizados em PPPs. Além de prever a integração

efetiva de considerações biofísicas, econômicas, sociais e políticas nos processos públicos e institucionais. (São Paulo, s.d.).

A AAE, ainda sem regulamentação em nível nacional, vem sendo aplicada em diversos Estados do País (a exemplo de São Paulo, Minas Gerais, Bahia e Rio de Janeiro), principalmente por ser referência mundial como um instrumento de política ambiental e também por auxiliar, antecipadamente, tomadores de decisões a identificarem os impactos e efeitos sinérgicos entre os setores envolvidos e a formularem uma ação estratégica em prol da qualidade ambiental.

Há basicamente duas vertentes de elaboração da AAE. A primeira é similar ao que já consta dos Estudos de Impacto Ambiental (EIA) e Relatórios de Impacto Ambiental (Rimas), complementando os estudos ambientais com o impacto do empreendimento de forma ainda mais macro. A segunda, por sua vez, pretende ser um passo anterior, avaliando as questões inerentes ao planejamento ambiental proposto, antes mesmo de avaliar as intervenções, as técnicas, a questão locacional e muitos outros aspectos comumente vistos no EIA/Rima.

Como a questão é incipiente no Brasil, projeta-se a AAE como uma tendência a ser incorporada às futuras legislações que regrarão as questões ambientais e deverão incluir uma definição de como a AAE será abordada na gestão ambiental, especialmente como instrumento prévio e agregador do processo de licenciamento ambiental.

3.6.7 A crescente municipalização do licenciamento ambiental

Fica cada vez mais claro o quão acertada foi a decisão dos gestores municipais de conduzir licenciamento ambiental pela equipe técnica e de ouvir os conselhos locais, por causa dos motivos expostos nas seções anteriores.

Nessa linha, o Instituto Brasileiro de Geografia e Estatística (IBGE), em sua publicação *Perfil dos Municípios brasileiros: 2015* (IBGE, 2016), oferece um capítulo sobre gestão ambiental, focado no licenciamento ambiental. A publicação traz um gráfico que apresenta a porcentagem dos Municípios que realizam o licenciamento ambiental, agrupados em classes de população (Fig. 3.1).

Observa-se na Fig. 3.1 que há um robusto processo de municipalização do licenciamento ambiental por grandes Municípios, ou seja, os Municípios com mais de 500 mil habitantes (na escala de 90,2%), apresentando-se

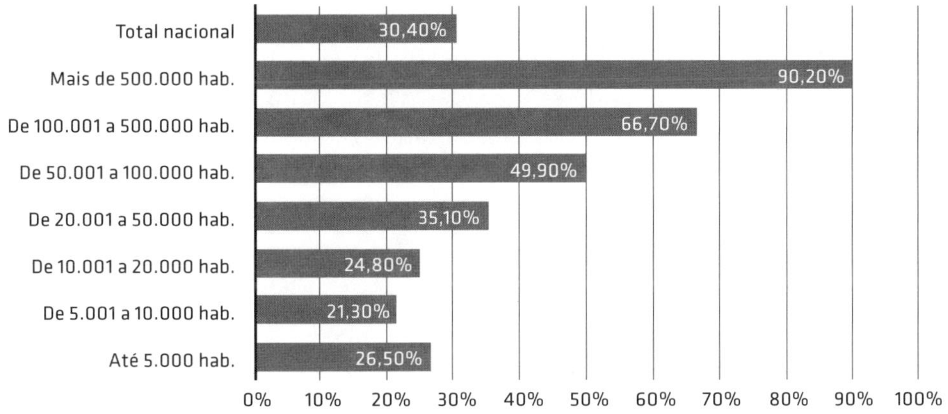

Fig. 3.1 *Percentual de Municípios que realizaram licenciamento ambiental, segundo as classes de tamanho da população de Municípios*
Fonte: IBGE (2016).

como uma curva descendente em direção aos Municípios menores. O total de Municípios que realizam o licenciamento ambiental, para o conjunto de entes municipais brasileiros, é de 30,4%, o que retrata uma forte tendência de municipalização desse procedimento pelos entes que possuem vontade política e capacidade institucional para investir em um instrumento de comando e controle fulcral na gestão citadina.

3.7 Licenciamento ambiental como ferramenta de gestão para a cidade sustentável

Para concluir, retoma-se a proposição inicial: o licenciamento ambiental é uma das principais ferramentas de gestão, especialmente no território municipal, considerando-se as duas linhas apresentadas a seguir.

Segundo a primeira linha, o licenciamento é uma das fontes primárias de informação sobre o território. Os dados constantes nos estudos ambientais apresentados, o cruzamento para analisar as sinergias de diversos empreendimentos e seus impactos no meio ambiente e a aplicação de políticas públicas nas compensações geradas pelos empreendimentos, entre muitas outras possibilidades, são potentes instrumentos para a gestão pública.

Fazer uso dos dados trazidos pelo licenciamento ambiental é uma das formas de balizar a gestão ambiental. Há, também, um método inverso: ao saber dos impactos causados por obras anteriores, é possível que o Município legisle através de leis próprias de uso e ocupação do solo para regrar novos empreendimentos, de modo a manter o meio ambiental o mais equilibrado possível. Assim, pode-se considerar a retroalimentação das licenças concedidas e do uso do solo como um grande indicador da manutenção da qualidade do meio.

Já para a segunda linha, o licenciamento ambiental permite que o Município controle efetivamente os impactos ambientais de empreendimentos e atividades potencialmente poluidores, para além do licenciamento urbanístico, quando promove diretamente o licenciamento ambiental (em sede de impacto local) e oferece subsídios qualitativos a outros órgãos ambientais estadual e federal (em sede de impacto regional e nacional). Entre esses subsídios estão as condições de infraestrutura já existentes do local ou em planejamento – como, por exemplo, o plano macroviário projetado para a cidade – e as políticas e restrições de caráter ambiental constantes da legislação citadina, que trazem, por conseguinte, maior segurança ao processo de licenciamento ambiental do empreendimento ou atividade.

Referências bibliográficas

BRASIL. Ministério do Meio Ambiente. *Procedimentos de licenciamento ambiental*. Brasília: Ministério do Meio Ambiente, 2016.

FARIAS, T. *Licenciamento ambiental*: aspectos teóricos e práticos. 6. ed. Belo Horizonte: Fórum, 2017.

FINK, D. R.; ALONSO JÚNIOR, H.; DAWALIBI, M. *Aspectos jurídicos do licenciamento ambiental*. 2. ed. Rio de Janeiro: Forense Universitária, 2002.

IBGE – INSTITUTO BRASILEIRO DE GEOGRAFIA E ESTATÍSTICA. *Perfil dos municípios brasileiros*: 2015. Rio de Janeiro: IBGE, 2016.

SÃO PAULO. Coordenadoria de Planejamento Ambiental. *Avaliação ambiental estratégica*. [s.d.]. Disponível em: <http://www2.ambiente.sp.gov.br/cpla/avaliacao-ambiental-estrategica/>. Acesso em: 27 jun. 2018.

STRUCHEL, A. *Licenciamento ambiental municipal*. São Paulo: Oficina de Textos, 2016.

Fiscalização ambiental nos Municípios

4

Heloísa Fava Fagundes
José Carlos Borges Aguiar da Silva

O Poder Público tem o dever de fiscalizar as condutas potencial ou efetivamente poluidoras, assim como aquelas que utilizam recursos naturais, para garantir a preservação do meio ambiente.

Através da fiscalização ambiental, objetiva-se modificar comportamentos por meio de atividades educativas (preventivas) e coercitivas (restritivas), com o uso de sanções pecuniárias e não pecuniárias, visando impedir a prática de danos ambientais.

Neste capítulo, apresenta-se um espectro das ações fiscalizadoras, destacando suas principais ações nas áreas de prevenção, correção, reparação de danos e coerção, além de sugestões de como potencializar as atividades de fiscalização ambiental em nível local.

4.1 Fiscalização ambiental e os princípios constitucionais

Os princípios constitucionais são normas que orientam a interpretação de todas as regras jurídicas. Eles buscam eliminar as lacunas, de modo a harmonizar o sistema legal. É importante relembrar, ainda, que os princípios não se sobrepõem, e que todos eles têm o mesmo peso na interpretação e na aplicação das leis.

Na gestão pública, o princípio da legalidade se apresenta como uma garantia para os administrados, pois limita a atuação do Estado e visa a proteção da sociedade em relação ao abuso de poder. Esse princípio encontra-se expressamente disposto na Constituição Federal, no art. 5º, inciso II, e no art. 37:

> Art. 5º. Todos são iguais perante a lei, sem distinção de qualquer natureza, garantindo-se aos brasileiros e aos estrangeiros residentes no País a inviolabilidade do direito à vida, à liberdade, à igualdade, à segurança e à propriedade, nos termos seguintes:

> [...] II – ninguém será obrigado a fazer ou deixar de fazer alguma coisa senão em virtude de lei;
>
> Art. 37. A Administração Pública direta e indireta de qualquer dos Poderes da União, dos Estados, do Distrito Federal e dos Municípios obedecerá aos princípios de legalidade, impessoalidade, moralidade, publicidade e eficiência.

Do texto constitucional, tem-se o princípio da legalidade aplicado aos indivíduos, determinando que cabe ao Poder Público definir o que se pode ou não fazer a partir da confecção de leis (art. 5°, inciso II), e tem-se também esse mesmo princípio aplicado à Administração Pública, estabelecendo a legalidade como um dos pilares do governo.

Assim, o princípio da legalidade limita a atuação do Poder Público ao determinar que este só poderá atuar com base no que a lei determina, mas também garante segurança jurídica aos administrados. O administrador não tem liberdade de decisão na defesa do interesse público – ele só pode fazer o que a lei expressamente autoriza. Segundo Meirelles (2005, p. 87):

> A legalidade, como princípio de administração (CF, art. 37, *caput*), significa que o administrador público está, em toda a sua atividade funcional, sujeito aos mandamentos da lei e às exigências do bem comum, e deles não se pode afastar ou desviar, sob pena de praticar ato inválido e expor-se à responsabilidade disciplinar, civil e criminal, conforme o caso.

Em vista disso, é possível observar que a lei define o limite de atuação do agente público e a forma como ele deve agir. Não é cabível ao administrador agir com liberdades e de acordo com seu interesse particular. Sua ação deve ter como objetivo o bem comum e os interesses públicos. É por essa razão, isto é, por dirigir a conduta dos agentes públicos, que esse princípio é considerado um dos pilares que conferem ao Estado seu caráter democrático, ao trazer para a sociedade a segurança jurídica. É importante observar, ainda, que a legalidade implica a observância não só da letra da lei, mas também de todo o sistema jurídico vigente.

Entretanto, embora seja fundamental para impedir que abusos sejam cometidos, o princípio da legalidade, em alguns momentos, limita o poder do Estado a ponto de “engessar” o trabalho no serviço público, dificultando a aplicação de novos métodos e tecnologias e deixando os agentes públicos em dúvida sobre como agir.

Tão importante quanto seguir as normas legais é garantir a eficiência do serviço público. O princípio da eficiência integra resultados positivos para o serviço público com a satisfação das necessidades da sociedade, cabendo ao administrador a busca por uma solução que melhor as atenda. Para tanto, a Administração Pública deve se manter atualizada, diminuindo o peso da burocracia, otimizando os recursos e evitando desperdícios, e assim, por conseguinte, conquistará melhores resultados na prestação de serviços à sociedade.

Conforme exposto anteriormente, os princípios constitucionais são harmônicos entre si e não se sobrepõem. Para equilibrar os princípios da legalidade e da eficiência, portanto, ao administrador público é conferido, em alguns casos, o poder da discricionariedade.

O poder discricionário é a liberdade remanescente para que o gestor eleja, baseado na razoabilidade, a melhor maneira de resolver os casos concretos que a lei não consegue esclarecer satisfatoriamente. Ao criar esse poder, a lei reconhece que a Administração está preparada para solucionar problemas e, seguindo os critérios de conveniência e oportunidade, será dada a atitude discricionária ao administrador que, entre várias ações, escolherá a que melhor se aplica.

Os princípios constitucionais servem para proteger a sociedade, norteando o direito e organizando a estrutura da Administração Pública na busca pela qualidade dos serviços.

O princípio da legalidade não paralisa a Administração Pública quando o gestor norteia seu trabalho conferindo o mesmo peso a todos os outros princípios constitucionais e age com ética, transparência, neutralidade e eficiência. Assim, com sua parcela de poder, cada agente fiscalizador deve se esforçar para que suas ações reflitam em verdadeiros benefícios ambientais.

Do equilíbrio dos poderes, defende-se que a aplicação pura do poder de polícia não é suficiente para impedir que danos ambientais aconteçam. O uso de tecnologias midiáticas na execução de ações de sensibilização e o estudo da legislação vigente identificando pontos de conflito e de punições exageradas são estratégias promissoras, que devem ser observadas pelo agente público no desempenho de suas funções.

4.2 Fiscalização ambiental e o poder de polícia

O Brasil possui uma vasta legislação ambiental, sendo um dos países mais avançados nesse quesito. O cometimento de algum tipo de dano ao meio ambiente significa infringir essas normas, e, diante dessa situação, cabe ao Poder Público cobrar o pagamento, a reparação e a compensação desse prejuízo.

A Constituição Federal Brasileira de 1988 dedica o Capítulo VI ao tema e, em seu art. 225, § 3º, define a responsabilidade ambiental independente nas searas penal e administrativa, de pessoas físicas ou jurídicas, públicas ou privadas:

> Art. 225. Todos têm direito ao meio ambiente ecologicamente equilibrado, bem de uso comum do povo e essencial à sadia qualidade de vida, impondo-se ao Poder Público e à coletividade o dever de defendê-lo e preservá-lo para as presentes e futuras gerações.
>
> [...]
>
> § 3º As condutas e atividades consideradas lesivas ao meio ambiente sujeitarão os infratores, pessoas físicas ou jurídicas, a sanções penais e administrativas, independentemente da obrigação de reparar os danos causados.

Na Constituição, tem-se pela primeira vez o meio ambiente como um bem de uso comum do povo e, portanto, algo a ser tutelado em prol da sociedade. O Poder Público exerce essa tutela por meio da fiscalização ambiental, agindo na apuração dos danos causados ao meio ambiente e no monitoramento do uso de recursos naturais e do exercício das atividades potencial ou efetivamente poluidoras.

Por meio da fiscalização ambiental, a Administração Pública exerce o poder de polícia, que condiciona e limita os direitos individuais em benefício do todo. O poder de polícia é caracterizado pelos seguintes atributos:

- *Discricionariedade*: assegura a supremacia da decisão da Administração Pública sobre o particular. Significa que o administrador pode agir livremente, com respeito aos limites legais, levando em conta a oportunidade e conveniência de suas ações, em prol do interesse público.
- *Autoexecutoriedade*: confere à Administração Pública a possibilidade de executar suas decisões com seus próprios meios, sem necessitar de prévia autorização do Poder Judiciário.
- Coercibilidade: autoriza ao agente público, em última instância, o uso da força física para o cumprimento das normas jurídicas. Esse

atributo garante, por exemplo, a apreensão de produtos e subprodutos da flora e da fauna.

A competência para exercer a fiscalização ambiental e, por conseguinte, a aplicação do poder de polícia é compartilhada entre todos os órgãos que compõem a federação: União, Estados, Distrito Federal e Municípios, integrantes do Sistema Nacional de Meio Ambiente (Sisnama). Os limites dessa competência comum foram delineados na Lei Complementar nº 140/2011. Em sede local, a polícia militar ambiental e a guarda municipal também possuem atribuição para atuar na fiscalização ambiental.

Ainda de acordo com a Constituição Federal (art. 225, § 3º), tem-se que a imputação de uma penalidade em quaisquer das esferas – civil, penal ou administrativa – não exclui as outras formas de responsabilização. Com isso, ao cometer uma infração ambiental, é possível também ser responsabilizado nas esferas administrativa, penal e cível.

É competente para a responsabilização administrativa o agente público que fiscaliza o licenciamento ambiental. A imputação dessa responsabilidade é exclusiva dos membros do Poder Executivo, que podem exercê-la de forma direta, por meio de Ministérios e Secretarias, por exemplo, ou indireta, por meio das autarquias, sociedades de economia mista etc. (Struchel, 2016).

Nas infrações administrativas ambientais, o procedimento básico de apuração de dano e a forma de instauração do processo são disciplinados pela Lei nº 9.605/1998 (Lei de Crimes Ambientais) em seu art. 70, transcrito a seguir:

> Art. 70. Considera-se infração administrativa ambiental toda ação ou omissão que viole as regras jurídicas de uso, gozo, promoção, proteção e recuperação do meio ambiente.
> § 1º São autoridades competentes para lavrar auto de infração ambiental e instaurar processo administrativo os funcionários de órgãos ambientais integrantes do Sistema Nacional de Meio Ambiente – Sisnama, designados para as atividades de fiscalização, bem como os agentes das Capitanias dos Portos, do Ministério da Marinha.
> § 2º Qualquer pessoa, constatando infração ambiental, poderá dirigir representação às autoridades relacionadas no parágrafo anterior, para efeito do exercício do seu poder de polícia.

> § 3° A autoridade ambiental que tiver conhecimento de infração ambiental é obrigada a promover a sua apuração imediata, mediante processo administrativo próprio, sob pena de co-responsabilidade.
> § 4° As infrações ambientais são apuradas em processo administrativo próprio, assegurado o direito de ampla defesa e o contraditório, observadas as disposições desta Lei.

O assunto também é tratado na Política Nacional de Meio Ambiente (Lei Federal n° 6.938/1981), que determinou, em seu art. 9°, IX, como um de seus instrumentos, as penalidades disciplinares ou compensatórias ao não cumprimento das medidas necessárias à preservação ou correção da degradação ambiental.

A aplicação do poder de polícia ambiental na esfera cível ocorre por meio do Poder Judiciário, pela ação do Ministério Público Federal e Estadual, e é amparada pela Política Nacional de Meio Ambiente (Lei n° 6.938/1981), que, no art. 14, § 1°, diz:

> Art. 14. [...]
> § 1° Sem obstar a aplicação das penalidades previstas neste artigo, é o poluidor obrigado, independentemente da existência de culpa, a indenizar ou reparar os danos causados ao meio ambiente e a terceiros, afetados por sua atividade. O Ministério Público da União e dos Estados terá legitimidade para propor ação de responsabilidade civil e criminal, por danos causados ao meio ambiente.

Do texto legal, depreende-se que a responsabilidade civil independe da culpa, por ser baseada na ideia de que o criador do risco é quem deve reparar os danos que causar. Com isso, são suficientes as provas de ação ou omissão do réu, do dano causado e da relação de causalidade para a aplicação do poder de polícia civil. Nessa esfera, ocorrem a compensação e a reparação do dano por meio da celebração de Termos de Ajustamento de Conduta (TAC). É importante salientar que na seara ambiental o TAC é complementar às medidas de poder de polícia administrativa.

Na esfera penal, segundo Oliveira (2012), a responsabilidade é subjetiva, sendo necessária a comprovação do delito para sua caracterização, considerando a maior gravidade das penas e o princípio de intervenção penal mínima do Estado.

A aplicação das sanções penais é prevista na Constituição Federal (art. 225, § 3º) e reafirmada na Lei de Crimes Ambientais (Lei Federal nº 9.605/1998), que, em seus arts. 2º e 3º, prescreve:

> Art. 2º. Quem, de qualquer forma, concorre para a prática dos crimes previstos nesta Lei, incide nas penas a estes cominadas, na medida da sua culpabilidade, bem como o diretor, o administrador, o membro de conselho e de órgão técnico, o auditor, o gerente, o preposto ou mandatário de pessoa jurídica, que, sabendo da conduta criminosa de outrem, deixar de impedir a sua prática, quando podia agir para evitá-la.
>
> Art. 3º. As pessoas jurídicas serão responsabilizadas administrativa, civil e penalmente conforme o disposto nesta Lei, nos casos em que a infração seja cometida por decisão de seu representante legal ou contratual, ou de seu órgão colegiado, no interesse ou benefício da sua entidade.
>
> Parágrafo único. A responsabilidade das pessoas jurídicas não exclui a das pessoas físicas, autoras, co-autoras ou partícipes do mesmo fato.

A próxima seção tratará da aplicação do poder de polícia ambiental na esfera da Administração Pública, em sede do Poder Executivo.

4.3 Experiências inovadoras de fiscalização ambiental na Administração Pública

Os órgãos que compõem o Sistema Nacional do Meio Ambiente (Sisnama) são competentes para disciplinar e implementar a fiscalização ambiental no âmbito do Poder Executivo.

Criado pela Lei nº 6.938/1981 e regulamentado pelo Decreto nº 99.274/1990, o Sisnama é composto pelos órgãos da União, Estados, Distrito Federal, Municípios e pelas fundações responsáveis por proteger e garantir a qualidade ambiental. Aos Estados, Distrito Federal e Municípios é atribuída a tarefa de regionalizar, pelo Sisnama, as medidas emanadas pelo Governo Federal por meio da criação de normas e padrões supletivos e complementares.

Objetivando delimitar o exercício do poder de polícia e garantir maior abrangência nas ações de proteção ambiental, as ações administrativas que competem a cada ente do Sisnama foram definidas pela Lei Complementar nº 140/2011.

A seguir, apresentam-se modelos inovadores de fiscalização ambiental adotados no Brasil que trazem agilidade e efetividade ao processo de aplicação de penalidades.

4.3.1 Programa de conversão de multas

A Lei Federal nº 7.735/1989 atribuiu ao Ibama a competência para a aplicação do poder de polícia ambiental. O órgão tornou-se competente para lavrar os autos de infração e instaurar o processo administrativo na esfera federal, conforme preconiza a Lei de Crimes Ambientais – a Lei nº 9.605/1998, regulamentada pelo Decreto Federal nº 6.514/2008.

O processo de apuração de infrações é dividido em quatro etapas: a detecção; a ação fiscalizatória; o julgamento; e a execução das sanções. As principais áreas de fiscalização ambiental em nível federal são as que tratam de atividades poluentes ou contaminantes, licenciamento ambiental, fauna, flora, organismos geneticamente modificados, patrimônio genético e pesca (Ibama, 2018b).

O procedimento de aplicação de penalidades do Ibama passa a se distinguir dos processos dos demais órgãos a partir do Decreto Federal nº 9.179/2017, que alterou o Decreto Federal nº 6.514/2008 e instituiu novas normas para a conversão de multas, objetivando impulsionar ações ambientais mais técnicas e estruturantes. As novas regras foram regulamentadas pela Instrução Normativa nº 06/2018, prevendo a elaboração de um Programa Nacional de Conversão de Multas.

A conversão é uma decisão discricionária do órgão autuante, que analisará, com base em critérios técnicos, as regras aplicáveis, acatando ou não a conversão. O órgão objetiva uma mudança de paradigmas por meio da ampla aplicação da nova ferramenta, facilitando a conversão pecuniária em ações concretas que se revertam em benefícios ao meio ambiente (Ibama, 2018a). Esse processo beneficia tanto o meio ambiente, ao simplificar o acesso do recurso financeiro ao projeto de recuperação ambiental, acelerando sua execução, quanto o devedor, que, ao optar pela adesão ao programa, recebe um desconto no valor devido.

Existem duas modalidades de conversão: a direta, em que o próprio autuado presta o serviço e recebe um desconto de 35% no valor da multa, e a indireta, em que o autuado se responsabiliza por cotas em projetos coordenados pelo Ibama e selecionados por chamamento público. No caso da conversão indireta, o desconto é de 60% no valor da multa (Ibama, 2018a).

A conversão de multas deve seguir o disposto no art. 140 do Decreto Federal nº 6.514/2008, alterado pelo Decreto nº 9.179/2017, que define os serviços de preservação, melhoria e recuperação da qualidade do meio ambiente como as ações em atividades e obras incluídas em projetos que possuem no mínimo um dos seguintes objetivos:

> I – Recuperação:
> a) de áreas degradadas para conservação da biodiversidade e conservação e melhoria da qualidade do meio ambiente.
> b) de processos ecológicos essenciais.
> c) de vegetação nativa para proteção.
> d) de áreas de recarga de aquíferos.
> II – Proteção e manejo de espécies da flora nativa e da fauna silvestre.
> III – Monitoramento da qualidade do meio ambiente e desenvolvimento de indicadores ambientais.
> IV – Mitigação ou adaptação às mudanças do clima.
> V – Manutenção de espaços públicos que tenham como objetivo a conservação, a proteção e a recuperação de espécies da flora nativa ou da fauna silvestre e de áreas verdes urbanas destinadas à proteção dos recursos hídricos.
> VI – Educação ambiental.
> VII – Promoção da regularização fundiária de unidades de conservação.

É importante salientar, ainda, que o Programa Nacional de Conversão de Multas exclui: multa definitivamente constituída como crédito público; infração ambiental que resulte em morte humana; empregadores que tenham submetido trabalhadores a condições análogas às de escravidão; indícios de exploração de trabalho infantil; o não cumprimento, pela medida, da função de coibir a prática de infrações ambientais; e a incompatibilidade entre o serviço ambiental proposto pelo autuado e o programa.

O programa de conversão integral de multas administrativas em prestação de serviços ao meio ambiente é uma variação do que ocorre quando há a celebração de Termos de Ajustamento de Conduta (TAC). No Estado de São Paulo, o cumprimento desse termo concede ao infrator o benefício do desconto em multas, chegando a uma redução de até 50% do valor da sanção (Lei Estadual nº 9.509/1997). O autuado, então, recolhe uma parcela pecuniária e realiza a reparação e a compensação do dano. A implementação dessa política também é possível de ser realizada em nível municipal. Na cidade de Campinas (SP), a assinatura e o cumprimento do TAC permitem que o autuado obtenha um desconto de até 40% nas multas aplicadas.

4.3.2 Conciliação

Na Secretaria de Meio Ambiente (SMA) do Estado de São Paulo, atual Secretaria Estadual de Infraestrutura e Meio Ambiente, a fiscalização ambiental é partilhada por dois órgãos distintos: a Companhia Ambiental do Estado de São Paulo (Cetesb) e a Coordenadoria de Fiscalização Ambiental (CFA).

Na Cetesb, a fiscalização é exercida por agentes credenciados, aos quais compete:

> I – Efetuar vistorias em geral, levantamentos e avaliações;
> II – Verificar a ocorrência de infrações e propor as respectivas penalidades;
> III – Lavrar de imediato o auto de inspeção, fornecendo cópia ao interessado;
> IV – Intimar por escrito as entidades poluidoras, ou potencialmente poluidoras, a prestarem esclarecimentos em local e data previamente fixados. (Cetesb, s.d.).

Além disso, a esses agentes são asseguradas, no exercício da função, a entrada e a permanência pelo tempo necessário em estabelecimentos públicos e privados, podendo, quando obstados, requisitar apoio policial, nos termos da Constituição Federal de 1988.

A Cetesb segue uma forte legislação no que concerne à aplicação das penalidades, ajustada à Política Estadual de Meio Ambiente, entre a qual se destacam a Lei Estadual nº 997/1976 e o Decreto Estadual nº 8.468/1976. Vale também a menção à Lei Complementar nº 140/2011, que reparte entre os três entes federativos a competência para a fiscalização ambiental, especialmente no tocante ao licenciamento ambiental, por meio do art. 17, § 3º, que disciplina:

> Art. 17. Compete ao órgão responsável pelo licenciamento ou autorização, conforme o caso, de um empreendimento ou atividade, lavrar auto de infração ambiental e instaurar processo administrativo para a apuração de infrações à legislação ambiental cometidas pelo empreendimento ou atividade licenciada ou autorizada.

> [...]
>
> § 3º O disposto no *caput* deste artigo não impede o exercício pelos entes federativos da atribuição comum de fiscalização da conformidade de empreendimentos e atividades efetiva ou potencialmente poluidores ou utilizadores de recursos naturais com a legislação ambiental em vigor, prevalecendo o auto de infração ambiental lavrado por órgão que detenha a atribuição de licenciamento ou autorização a que se refere o *caput*.

Com base nessa lei, as três esferas de governo são competentes para apurar infrações ambientais, ressaltando-se que prevalecerá a autuação do órgão responsável pelo licenciamento ou autorização da atividade fiscalizada. Esse instrumento, então, possibilita ações mais contundentes, por meio da união do corpo técnico fiscalizatório das três esferas.

O outro órgão fiscalizador do Estado de São Paulo é a Coordenadoria de Fiscalização Ambiental (CFA). Criada por meio do Decreto Estadual nº 57.933/2012, esse órgão tem como principal objetivo planejar, coordenar, monitorar e executar a Política de Fiscalização Ambiental do Estado de São Paulo em conjunto com a Polícia Militar Ambiental.

Com sede na cidade de São Paulo e composta por departamentos e centros específicos – os Centros Técnicos Regionais de Fiscalização (CTRF), estruturados regionalmente –, essa coordenadoria possui duas vertentes para o processo de trabalho de apuração de infrações:

- recebimento de denúncias, com apuração *in loco* realizada por agentes da Polícia Militar Ambiental;
- monitoramento por satélite e drones, com autuação realizada diretamente nos CTRFs.

Constatado o dano, instaura-se então o devido processo de aplicação de penalidades.

Em 2014, a SMA instituiu, por meio da Resolução SMA nº 51/2014, o Programa Estadual de Conciliação, com o objetivo de garantir o direito de ampla defesa do autuado através de um atendimento conciliatório para o cumprimento das exigências técnicas do auto de infração e para a resolução dos processos relacionados a ele. Após a autuação, as partes interessadas – Estado e cidadão – dialogam presencialmente no Atendimento Ambiental para o entendimento sobre as formas de solução da situação e de recuperação do dano ambiental, quando cabível. Esse atendimento ocorre entre dez e quarenta dias após a vistoria e promove a celeridade na solução dos processos administrativos, gerando economicidade de materiais e recursos humanos. Possibilita ainda a sensibilização do infrator, ao promover o acesso às informações referentes à legislação ambiental vigente.

Inspirada no movimento do Poder Judiciário que promove a busca de um melhor entendimento entre as partes antes da abertura dos processos, a ferramenta da conciliação prévia diminui consideravelmente o tempo entre o cometimento da infração, o pagamento da multa e o início das ações de recuperação e compensação do dano, comprovando que a utilização do princípio da eficiência conjugado ao da legalidade aperfeiçoa as ações de proteção ao meio ambiente.

Nesse sentido, a práxis conciliatória exercida pelo governo bandeirante tem seu pilar tanto nos princípios da prevenção quanto nos da educação ambiental, precedentes à medida repressiva, o que merece ser acolhido pelos demais entes federativos, inclusive pelos Municípios.

4.3.3 Dupla visita para micro e pequenas empresas

A Lei Complementar Federal nº 123/2006 determina, em nível nacional, que no processo fiscalizatório de micro e pequenas empresas será observado o critério da dupla visita. A dupla visita consiste na diligência fiscalizatória de caráter orientativo para efeito de adequação de práticas irregulares constatadas em face da legislação vigente e no ensejo de autuação, caso a infração permaneça.

Esse instrumento permite que, na primeira visita, a empresa seja informada sobre as irregularidades encontradas, recebendo instruções e um prazo para saná-las. Na segunda visita, caso os problemas tenham sido resolvidos, não há autuação por parte do órgão de fiscalização. Contudo, constatando-se a permanência da infração, inicia-se o devido processo legal para aplicação das penalidades.

A internalização do comando pelos Municípios é uma das formas de incentivo para que os pequenos empreendedores procedam às adequações de suas atividades às normas ambientais vigentes sem a necessidade da aplicação de medidas repressivas, cabendo ao fiscal, nesse momento, uma conduta pedagógica e orientativa em vez de uma conduta propriamente repressiva.

Esse mecanismo tem se difundido entre Estados e Municípios, na edição de normas próprias que regulamentam a metodologia da dupla visita. O Município de Campinas (SP) em 2018 reforçou seus procedimentos de dupla visita por meio da edição do Decreto Municipal nº 19.849, de 23 de abril de 2018, inclusive indicando as situações de alto risco em que esse procedimento não é aplicado.

4.3.4 Recursos administrativos julgados por instância colegiada

Em algumas situações, o poder de polícia ambiental é exercido por instâncias colegiadas. A título de exemplo, traz-se nesta seção uma experiência municipal em que esse poder de julgamento foi exercido, no âmbito da Prefeitura Municipal de Campinas (SP), pela Coordenadoria de Fiscalização Ambiental (CFA) da Secretaria Municipal do Verde, Meio Ambiente e Desenvolvimento Sustentável (SVDS).

A CFA possui competência para instaurar processo administrativo e lavrar auto de infração na esfera municipal. A fiscalização ambiental é realizada pelos fiscais de meio ambiente da SVDS, que realizam vistorias preventivas e corretivas.

Identificando-se o cometimento de uma infração ambiental, é aplicado um auto de infração que impõe uma penalidade e, sucessivamente, inicia-se o prazo recursal.

Nesse procedimento de aplicação de sanções administrativas, objetivou-se estabelecer um processo administrativo isonômico, criando-se, por meio do Decreto Municipal nº 19.575/2017, a Junta Administrativa de Recursos (JAR). Trata-se de um colegiado técnico, composto por representantes de carreira – um titular e dois suplentes de cada departamento da Secretaria – e presidido pela Supervisão Departamental da SVDS. Ao Conselho Municipal de Meio Ambiente (Comdema) é facultada a indicação de um representante para acompanhamento das reuniões. Com essa abrangente composição, a JAR analisa e julga em primeira instância todos os recursos administrativos interpostos em face de manifestações, emissão de documentos e autos de infração. As reuniões são públicas e divulgadas pelo Diário Oficial do Município, e o recorrente tem direito de participar e fazer uso da palavra.

Ao diluir o poder decisório, temos a questão avaliada sob diferentes óticas, como, por exemplo, de geologia, engenharia, biologia e veterinária, sendo possível integrar diferentes aspectos ambientais ao caso e julgar o recurso de forma compartilhada. A fim de garantir o duplo grau de jurisdição na esfera administrativa, a segunda instância é exercida pelo Secretário Municipal do Verde, Meio Ambiente e Desenvolvimento Sustentável de Campinas. A avaliação dos aspectos técnicos pode, a critério do Secretário, ser feita por técnico habilitado, que subsidia a decisão final.

Findados os prazos recursais, a decisão final é publicada e a sanção administrativa é aplicada ou não, consoante a decisão recursal. Nos casos em que há dano ambiental efetivo, é celebrado o TAC para compensação e reparação do dano causado.

4.3.5 Fiscalização descentralizada

O Rio de Janeiro (RJ) é o segundo maior Município do Brasil, com população de 6.688.927 habitantes, segundo estimativas do IBGE de 2018. Gerir uma cidade desse porte requer modelos de gestão inovadores, como o modelo de atuação descentralizada que o Município adotou na fiscalização ambiental.

A Secretaria Municipal de Meio Ambiente do Rio de Janeiro possui uma Coordenadoria de Fiscalização Ambiental (CFA), que integra a Coordenadoria Geral de Controle Ambiental (CGCA) e atua nas áreas de licenciamento e monitoramento ambiental.

A CFA atua de forma descentralizada, sendo composta por quatro Gerências Técnicas Regionais (GTR), que são responsáveis por regiões específicas da cidade, e por duas bases de Patrulha Ambiental, que atendem às reclamações de fiscalização e de poluição sonora em todo território, atuando no atendimento emergencial e realizando os flagrantes de crimes ambientais.

As GTRs são responsáveis pelo atendimento de rotina, por meio de protocolos, e também pelo prosseguimento das ações fiscalizatórias iniciadas pela Patrulha Ambiental, pelo atendimento das demandas do Ministério Público, pelo acompanhamento das licenças ambientais emitidas e, por fim, pela emissão de autorização para instalação de bicicletários e realização de eventos em unidades de conservação (UCs) em que não há gestão própria.

A gestão descentralizada permite que o agente de fiscalização se aprofunde no conhecimento do território ao qual está ligado, aumentando a qualidade da vistoria e da ação repressiva ou corretiva, aproximando a gestão da população e, com isso, diminuindo a incidência de crimes e infrações ambientais.

Ademais, a Patrulha Ambiental ligada à Coordenadoria de Fiscalização Ambiental agiliza o trabalho ao aglutinar em um mesmo órgão as ações imediatas e de flagrante e a execução do processo administrativo de aplicação de sanções, otimizando o tempo e a aplicação dos recursos públicos, humanos e financeiros.

4.3.6 Foco na prevenção

O governo do Estado do Mato Grosso do Sul foca sua fiscalização nas medidas preventivas, tendo criado uma sala de situação, um espaço onde várias secretarias e órgãos trabalham de maneira interdisciplinar na busca de soluções para problemas complexos. No caso do Mato Grosso do Sul, a sala de situação foi criada para monitorar, acompanhar e estudar as tendências hidrológicas do Estado com o objetivo de prever a ocorrência de eventos ambientais críticos, como grandes secas e inundações. Com base nos dados coletados, é possível a adoção de medidas preventivas para minimizar os efeitos desses eventos.

A sala de situação é uma ferramenta abrangente na tomada de decisões de planejamento ambiental e de desastres, sendo utilizada não só pela fiscalização ambiental, mas também pela Defesa Civil Estadual, apresentando-se como mais um exemplo da importância da integração entre os órgãos da Administração, dada a interdisciplinaridade da fiscalização.

Na sala de situação, os dados de chuva e de nível dos rios são coletados em tempo real, por meio de transmissão via satélite e plataformas de coletas de dados, que informam o nível do rio a cada hora e o nível de precipitação pluviométrica.

4.3.7 Ações intersetoriais locais

O meio ambiente, como direito difuso, perpassa por diferentes áreas do conhecimento e, por conseguinte, de atuações dentro do setor público. Apresentam-se a seguir casos de ações intersetoriais desenvolvidas pela fiscalização ambiental de Campinas (SP) em que são agregadas e otimizadas ações da Coordenadoria de Fiscalização Ambiental (CFA), da Guarda Municipal de Campinas (GMC), da Defesa Civil e do Comitê Municipal de Prevenção e Controle das Arboviroses.

A CFA e a GMC trabalham em conjunto por possuírem atividades afins. Essa parceria é potencializada por meio de três ações:

- *Curso de formação anual*: visa estreitar os laços e nivelar o conhecimento dos agentes de fiscalização e dos guardas municipais, proporcionando atuações mais qualificadas e isonômicas.
- *Cartilha de campo*: elaborada pela GMC e revisada pela CFA, trata-se de um documento sintetizado que compila a principal legislação ambiental vigente para ser consultada pelo guarda no momento da vistoria. Atualizada anualmente, essa cartilha embasa as ações de campo.

- *Canal de comunicação exclusivo*: por meio do Sistema Eletrônico de Informações (SEI), foi criado um Termo de Ocorrência *on-line*, preenchido na base da GMC e visualizado imediatamente pela equipe de fiscalização ambiental. O documento não só agilizou o processo de apuração de denúncias e de aplicação de penalidades, como também permitiu que o guarda que atendeu à ocorrência acompanhasse seu desfecho por meio do estabelecimento de um fluxo de informações operante.

A Defesa Civil, por sua vez, aborda a organização da sociedade para a autodefesa e está fundamentada no princípio de que o governo sozinho não é capaz de suprir todas as necessidades do cidadão. Seu trabalho é permanente e se desenvolve de forma preventiva, assistencial, de socorro e de recuperação.

A CFA e a Defesa Civil do Município de Campinas trabalham em conjunto nas ações de identificação e prevenção de riscos e, quando necessário, nas ações coercitivas. Essas ações são realizadas pelo Comitê de Gerenciamento de Risco (GER-Risco), que conta ainda com a participação de diversos órgãos, como as Secretarias de Saúde, de Comunicação e de Assistência Social.

Nesse comitê, é desenvolvido um trabalho permanente de orientação à população nas áreas de maior vulnerabilidade social e ecológica, estimulando a participação dos moradores na criação de estratégias de preservação ambiental e no fortalecimento da relação entre poder público e sociedade por meio da realização de ações efetivas de parceria, de forma a capacitar a comunidade local para as ações de resposta aos desastres e acidentes naturais. Nessas ações são realizadas palestras, vistorias, simulações de resgate e atividades lúdicas com as crianças, por exemplo.

Citam-se como exemplo as ações de prevenção desenvolvidas nos setores de risco de deslizamento e inundações de Campinas, definidos pelo Serviço Geológico do Brasil. O Município possui áreas de risco mapeadas e, para lidar com essa situação, foi desenvolvido o Projeto Comunidade Resiliente, que obedece às diretrizes da Organização das Nações Unidas (ONU) para o enfrentamento de desastres.

Nessa linha, o Decreto Municipal nº 6.983/2017 da cidade de Itatiba (SP) define resiliência como a capacidade que um sistema, comunidade ou sociedade potencialmente exposta a ameaças têm de se adaptar, resistindo ou se transformando com o fim de alcançar e manter um nível aceitável em seu funcionamento e estrutura. Esse nível é determinado pelo grau no qual o sistema social é capaz de se auto-organizar para incrementar sua capacidade de aprendizagem sobre desastres passados, com o fim de alcançar uma melhor proteção futura e melhorar as medidas de redução de risco de desastres.

Por meio do GER-Risco e com o objetivo de incentivar localmente as ações de resiliência, o Projeto Comunidade Resiliente utiliza a ferramenta do mapeamento comunitário de risco, cuja finalidade é aplicar os conceitos da norma aos setores de risco. Nesse quesito, Campinas foi a primeira cidade brasileira a desenvolver um projeto de resiliência em uma comunidade específica. Trata-se da elaboração conjunta – comunidade e Poder Público – de um mapa contendo os riscos identificados pelos próprios moradores, e, com base nesse material, são montadas as estratégias de ação, como, por exemplo, qual a melhor rota para a entrada de um caminhão de bombeiros ou para onde levar os animais em caso de alagamento.

O projeto iniciou-se no setor de risco 1 (Vale das Garças/Vila Holândia) e trabalhou com as comunidades dos bairros Vale das Garças e Chácaras Piracambaia I e II. Essa região é classificada como prioritária pois se localiza na várzea do rio Atibaia – principal rio de Campinas, responsável por cerca de 95% do abastecimento de água – e sofre anualmente com inundações.

O Vale das Garças é o bairro de acesso aos demais bairros e, por esse motivo, o primeiro mapa comunitário foi construído em 2015 com essa comunidade, contando com a participação de cerca de 200 famílias. Atualmente, a partir desse projeto, já estão sendo criadas estratégias de ações de redução de riscos de desastres e de autoproteção. Os moradores já possuem rotas de fugas definidas, locais de concentração em caso de desastres e monitoram, por meio de um grupo de WhatsApp, a vazão do rio Atibaia. Com esse monitoramento, eles sabem quando e em quanto tempo suas casas serão atingidas pela inundação e podem se preparar para abandoná-las de forma segura.

Nessa região, destaca-se ainda o bairro das Chácaras Piracambaia I, território rural ocupado por núcleos habitacionais onde o Poder Público, por meio dos órgãos citados e do Ministério Público, trabalha na retirada das moradias para que não haja prejuízo nem ao meio ambiente nem à vida das pessoas que ocupam a área inundável do Rio Atibaia, que pode ser vista na Fig. 4.1.

A ação não só teve sucesso nas gestões de curto e médio prazo, mas também ganhou repercussão no planejamento da cidade por meio do Plano

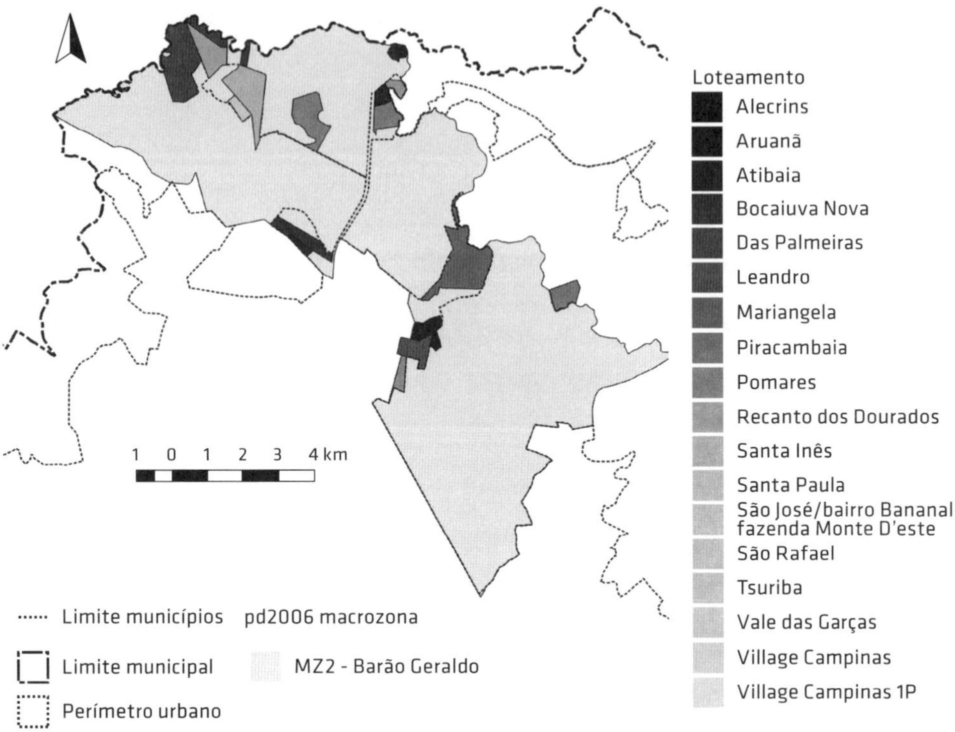

Fig. 4.1 *Área sob embargo*

Diretor do Município (Lei Complementar nº 180, de 8 de janeiro de 2018), que classificou a região como Macrozona de Relevância Ambiental (Fig. 4.2) e proibiu o parcelamento do solo nas áreas de preservação e de proteção ambiental (art. 41, § 2º).

É importante ressaltar que, desde o início desse trabalho integrado, o número de áreas de risco caiu de 74 para 30, e esse modelo foi disseminado em 78 cidades da região e do Estado de São Paulo (Campinas, s.d.).

Outro exemplo de ação intersetorial desenvolvida pela fiscalização ambiental de Campinas se dá no âmbito do Comitê Municipal de Prevenção e Controle das Arboviroses. Criado pelo Decreto nº 19.621, de 21 de setembro de 2017, esse comitê é composto por 17 secretarias e órgãos e coordenado pelo Gabinete do Prefeito e pela Secretaria Municipal de Saúde.

O objetivo desse comitê é lidar com o tema das arboviroses transmitidas pelo mosquito *Aedes aegypti* – dengue, zika vírus e chikungunya – por meio da atuação conjunta das diferentes secretarias e órgãos, apresentando uma visão sistêmica do problema e uma definição de ações com base em

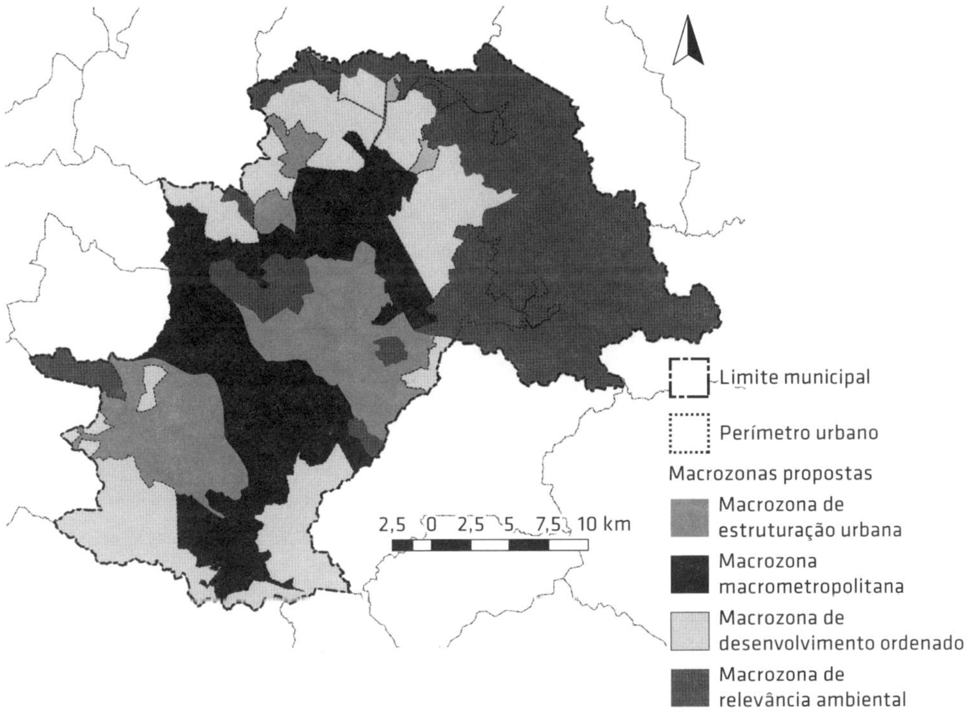

Fig. 4.2 *Mapa do macrozoneamento*
Fonte: Campinas (s.d.).

critérios técnicos epidemiológicos.

Para controlar as arboviroses é necessário, entre outras coisas, eliminar seus criadouros. Áreas de descarte de resíduos sólidos, como lixões e terrenos baldios, e atividade de reciclagem de materiais operando sem as devidas medidas de proteção, por exemplo, são casos de problemas ambientais que refletem diretamente na saúde da população.

Identificar essas áreas e trabalhar de forma preventiva e corretiva, com o apoio dos diversos órgãos que compõem o Comitê Municipal, é tarefa da Coordenadoria de Fiscalização Ambiental da SVDS.

4.3.8 Sinergia entre entes federativos para ações fiscalizatórias de interesse comum

A composição entre os entes federativos pode se dar por meio de convênios, instrumentos legais conjuntos e parcerias entre os técnicos. No Estado de São Paulo, por exemplo, a Secretaria de Meio Ambiente, a

Polícia Ambiental e o Ibama atuam conjuntamente no Plano Anual de Proteção Ambiental deste último. Uma de suas ações é a Operação Delivery que, com a entrega de anilhas e o acompanhamento e anilhamento de filhotes, busca reduzir a quantidade de fraudes e ilegalidades na criação amadora de passeriformes.

Outro exemplo relevante é o Grupo de Trabalho de Fiscalização Ambiental. Criado em 2016 na capital paulista, esse grupo é composto por representantes dos seguintes órgãos: Ibama, Secretaria Estadual de Meio Ambiente (SMA) e Municípios paulistas de Campinas, Osasco e São Paulo. A equipe se reúne semestralmente para discussão de processos de fiscalização e apresentação de casos. Reuniões extraordinárias ou entre pares podem ser requisitadas por quaisquer participantes, sempre que julgarem necessário.

Dessa forma, a sinergia entre os órgãos fiscalizadores em todas as esferas da Administração Pública – Municípios, Estados, Distrito Federal e União – potencializa as ações e deve ser encorajada. Essa parceria pode ocorrer por meio da solicitação formal de apoio em ações específicas (ofícios, protocolos) ou da criação de espaços de discussão, como fóruns de fiscalização ambiental, onde cada órgão apresenta seus problemas e experiências.

Essa troca de experiências leva ao desenvolvimento e ao amadurecimento das ações praticadas por esses órgãos. Conhecer o trabalho realizado por seus pares contribui para o aperfeiçoamento técnico e para a criação de uma visão compartilhada da interpretação da legislação ambiental, que hoje possui um amplo espaço para a discricionariedade. Com isso, o tratamento dos problemas encontrados nas ações fiscalizatórias fica cada vez mais isonômico, trazendo segurança jurídica tanto para o autuado quanto para o agente público.

4.3.9 Inteligência artificial na atividade fiscalizatória

Para além das experiências aqui relatadas, outra forma de incrementar o trabalho da fiscalização ambiental é por meio da inteligência artificial. O uso de imagens de satélite e programas de georreferenciamento qualifica o trabalho pela possibilidade de visualizar a situação prévia da área e de consultar, por meio de banco de dados, quais os atributos ambientais do local (por exemplo, traçados de córregos, presença de nascentes), possibilitando a comparação dos dados com aqueles encontrados em campo.

O uso de *drones* permite o acesso às áreas restritas, como matas fechadas, alagadiças ou de relevo muito acidentado. A Secretaria de Meio Ambiente de São Paulo, por exemplo, realiza trabalhos de vistoria com *drones* e utiliza as imagens para composição dos autos de infração.

Já o Ibama utiliza imagens de satélite para monitorar as áreas sob sua jurisdição. Ao constatar infração ambiental, a equipe de fiscalização embarga preventivamente a área, para conter danos e garantir a recuperação da área degradada. Em alguns casos, ocorre ainda a aplicação de multas sem a necessidade da realização de vistoria presencial. Exemplos de ações realizadas pelo Ibama com o uso dessa tecnologia são as operações Corta-Fogo, que, de forma remota, cruzam as informações sobre áreas queimadas de floresta nativa, identificadas a partir de imagens de satélite, com os dados oficiais dos sistemas de controle e as operações do Cadastramento de Áreas Rurais (CAR), que identificam se as áreas inseridas no sistema estão tendo a destinação adequada.

Em 2018, Campinas iniciou um trabalho semelhante, conjugando esforços da CFA, da Defesa Civil e do Instituto Nacional de Pesquisas Espaciais (Inpe) para a utilização de imagens captadas pelos satélites do Inpe na identificação de ocorrência de queimadas. Por meio do sistema de Gestão de Ocorrências da Defesa Civil (GODC), desenvolvido pela Informática de Municípios Associados (IMA), os técnicos da Defesa Civil monitoram as imagens de áreas verdes. Ao identificar pontos em que houve queimadas, a Defesa Civil informa a CFA, e, em conjunto, são realizadas vistorias para determinar a magnitude e a abrangência do dano. O satélite informa os locais por meio de coordenadas geográficas – latitude e longitude. Após a vistoria e com base nas informações do Inpe, a CFA aplica as penalidades cabíveis.

A SVDS também utiliza a tecnologia de *drones* nas seguintes ações:

- monitoramento e fiscalização de plantios compensatórios e reparatórios;
- planejamento ambiental, com o estabelecimento de áreas especialmente protegidas;
- ações de defesa civil.

4.4 Possibilidades e desafios

Possuir um corpo técnico fiscalizatório capacitado e bem dimensionado é importante para os órgãos do Sisnama; todavia, há muitas possibilidades de ampliação da capacidade fiscalizatória, que independem do acréscimo do quadro de funcionários, consoante o abordado neste capítulo.

O objetivo maior da fiscalização ambiental não é a aplicação de sanções administrativas; muito pelo contrário, é, por meio de um excelente trabalho orientativo e preventivo, evitar a ocorrência de danos.

Mudar a forma como a sociedade civil e a própria Administração Pública compreendem o papel do agente de fiscalização ambiental é um grande desafio, mas é um passo fundamental para o sucesso da execução das políticas de desenvolvimento sustentável.

Referências bibliográficas

CAMPINAS. Projeto de lei complementar. Dispões sobre o Plano Diretor Estratégico do Município de Campinas. [s.d.]. Disponível em: <https://planodiretor.campinas.sp.gov.br/sites/planodiretor.campinas.sp.gov.br/files/Minuta%20de%20Lei%20Conplementar%20Plano%20Diretor%20Estrat%C3%A9gico%20de%20Campinas29set2017___.pdf>. Acesso em: 28 jun. 2018.

CETESB – COMPANHIA AMBIENTAL DO ESTADO DE SÃO PAULO. *Fases do licenciamento.* [s.d.]. Disponível em: <https://licenciamento.cetesb.sp.gov.br/cetesb/fases.asp>. Acesso em: 19 mar. 2019.

IBAMA – INSTITUTO BRASILEIRO DO MEIO AMBIENTE E DOS RECURSOS NATURAIS RENOVÁVEIS. *Conversão de multas do IBAMA em serviços ambientais.* 2018a. Disponível em: <http://www.ibama.gov.br/conversaodemultas>. Acesso em: 26 fev. 2018.

IBAMA – INSTITUTO BRASILEIRO DO MEIO AMBIENTE E DOS RECURSOS NATURAIS RENOVÁVEIS. *O que é fiscalização ambiental.* 27 abr. 2018b. Disponível em: <http://www.ibama.gov.br/index.php?option=com_content&view=article&id=825&Itemid=752>. Acesso em: 26 fev. 2018.

OLIVEIRA, M. V. *A tríplice responsabilidade por danos causados ao meio ambiente.* 2012. *E-gov*, 5 out. 2012. Disponível em: <http://www.egov.ufsc.br/portal/conteudo/tr%C3%Adplice-responsabilidade-por-danos-causados-ao-meio-ambiente>. Acesso em: 19 fev. 2018.

STRUCHEL, A. C. de O. *Licenciamento ambiental municipal.* São Paulo: Oficina de Textos, 2016.

Espaços especialmente protegidos na escala municipal

5

Ângela Cruz Guirao
Sueli Aparecida Thomaziello
Alethea Borsari Peraro

5.1 Contextualização e embasamento legal

O estabelecimento de áreas naturais protegidas é considerado uma das melhores estratégias para a conservação da biodiversidade no mundo, e uma das principais ferramentas de política pública para o cumprimento da Constituição Federal. A Constituição Federal de 1988, em seu art. 225, define que cabe ao Poder Público assegurar a efetividade do direito ao meio ambiente ecologicamente equilibrado, bem de uso comum do povo e essencial à sadia qualidade de vida, cabendo a todas as unidades da Federação definir espaços territoriais e seus componentes a serem especialmente protegidos.

É importante ressaltar que, anteriormente à Constituição Federal, a Política Nacional do Meio Ambiente (PNMA), instituída pela Lei Federal nº 6.938/1981, estabelece originalmente, no inciso VI do art. 9º, como um de seus instrumentos, "a criação de reservas e estações ecológicas, áreas de proteção ambiental e as de relevante interesse ecológico, pelo Poder Público Federal, Estadual e Municipal". Essa redação foi alterada em 1989, pela Lei Federal nº 7.804, que amplia tal definição e incentiva a "criação de espaços territoriais especialmente protegidos pelo Poder Público Federal, Estadual e Municipal, tais como áreas de proteção ambiental, de relevante interesse ecológico e reservas extrativistas".

A instituição de espaços territoriais especialmente protegidos (ETEPs) vem se consolidando há quase quatro décadas como uma diretriz primordial da legislação ambiental brasileira, que foi agregando ao seu arcabouço legal novos marcos regulatórios de proteção, conservação e recuperação da biodiversidade brasileira. Como exemplo, a Constituição do Estado de São Paulo (1989), inspirada nos princípios constitucionais da República, promulga em seu art. 191 que o Estado e os Municípios providenciarão, com a participação da coletividade, a preservação, conservação, defesa, recuperação e melhoria do meio ambiente natural, artificial e do trabalho, atendidas as peculiaridades regionais e locais e em harmonia com o desenvolvimento social e econômico. Esse documento determina ainda em seu art. 193 que o Estado, mediante lei, criará um sistema de administração de qualidade ambiental, proteção, controle e desenvolvimento do meio ambiente e uso adequado dos recursos naturais com o fim de definir, implantar e administrar espaços territoriais e seus componentes representativos de todos os ecossistemas originais a serem protegidos, sendo a alteração e a supressão, incluindo os ecossistemas já existentes, permitidas somente por lei. A partir desse código legal, instrumentos jurídicos e ferramentas administrativas têm sido construídos com o objetivo de efetivar os espaços especialmente protegidos por meio de políticas públicas.

Ainda que a PNMA já tivesse indicado como ETEP algumas das categorias de unidades de conservação (UCs), estas vieram a ser definidas e disciplinadas pelo Sistema Nacional de Unidades de Conservação da Natureza (Snuc), na Lei Federal nº 9.985, de 18 de junho de 2000, e regulamentadas pelo Decreto Federal nº 4.340, de 22 de agosto de 2002. Segundo o inciso I do art. 2º da Lei do Snuc, unidade de conservação é um "espaço territorial e seus recursos ambientais, incluindo as águas jurisdicionais, com características naturais relevantes, legalmente instituído pelo Poder Público, com objetivos de conservação e limites definidos, sob regime especial de administração, ao qual se aplicam garantias adequadas de proteção".

De acordo com o art. 2º da Convenção da Diversidade Biológica (CDB), área protegida significa uma "área definida geograficamente que é destinada, ou regulamentada, e administrada para alcançar objetivos específicos de conservação" (Brasil, 2000, p. 9). A CDB, assinada em 1992, foi promulgada no Brasil por meio do Decreto Federal nº 2.519, de 16 de março de 1998. Em cumprimento aos compromissos assumidos ao assinar a CDB, no que tange ao desenvolvimento de estratégias, políticas, planos e programas nacionais para áreas protegidas, o Brasil definiu os seguintes ETEPs que deveriam integrar as áreas protegidas: as áreas terrestres e marinhas do Snuc, as terras indígenas e os territórios quilombolas. Essas são as áreas enfocadas pelo Plano Estratégico Nacional de Áreas Protegidas (PNAP), sendo que as demais áreas protegidas, a exemplo das áreas de preservação permanente (APPs) e as reservas legais, são consideradas, no âmbito da abordagem ecossistêmica, fundamentais para a conservação da biodiversidade, como elementos integradores da paisagem (Decreto nº 5.758/2006).

Com o objetivo de facilitar a comunicação e uniformizar as ações sobre as áreas protegidas entre os países signatários da CDB, a União Internacional para Conservação da Natureza (UICN) apresentou a definição de área protegida como

> espaço geográfico claramente definido, reconhecido, dedicado e gerido, através de meios legais ou outros igualmente eficazes, com o objetivo de garantir a conservação a longo prazo da natureza, juntamente com os serviços ecossistêmicos e os valores culturais associados (Dudley, 2008, p. 8, tradução nossa).

O sistema de classificação da UICN abrange o uso mais restrito ao mais intensivo do *habitat*, apresentando as seguintes classificações: reserva natural, parque nacional, monumento natural, área protegida para a gestão de *habitat* ou espécies, paisagem protegida e área protegida para gestão de recursos.

O Centro Mundial de Monitoramento da Conservação do Meio Ambiente das Nações Unidas (UNEP-WCMC), com o apoio da UICN e sua Comissão Mundial de Áreas Protegidas (WCPA), disponibiliza publicamente, por meio de uma plataforma *on-line* – o World Database on Protected Areas (WDPA, [2017]) –, o mapeamento e as estatísticas relacionadas às áreas protegidas terrestres e marinhas.

De acordo com a última atualização do WDPA para 2017, houve um incremento significativo de áreas protegidas no mundo. Em 2000, esses espaços totalizavam 17 milhões de km², e aumentaram para pouco mais de 45 milhões de km² em 2017, sendo 25 milhões de km² no ambiente marinho e 20 milhões de km² no ambiente terrestre, o que mostra um esforço mundial na proteção da biodiversidade por meio do estabelecimento de ETEPs.

No Brasil, as principais modalidades de ETEP estão definidas pela legislação federal, conforme disposto no Quadro 5.1.

Os Estados brasileiros também têm identificado suas áreas protegidas para além daquelas definidas pela Lei Federal. O Estado de São Paulo definiu, em sua Constituição Estadual de 1989, art. 196, como ETEP: a Mata Atlântica, a Serra do Mar, a Zona Costeira, o Complexo Estuarino Lagunar entre Iguape e Cananéia, os Vales dos Rios Paraíba, Ribeira, Tietê e Paranapanema

Quadro 5.1 Modalidades de espaços territoriais especialmente protegidos e legislação federal correlata

Modalidades	Legislação
Unidades de conservação da natureza	Lei Federal nº 9.985/2000 Decreto Federal nº 4.340/2002
Áreas destinadas às comunidades tradicionais, como, por exemplo, as terras indígenas e os territórios quilombolas	Lei Federal nº 6.001/1973 Constituição Federal de 1988 Decreto Federal nº 1.775/1996 Decreto Federal nº 4.887/2003 Decreto Federal nº 6.040/2007
Áreas tombadas	Decreto-Lei nº 25/1937
Áreas de preservação permanente	Lei Federal nº 12.651/2012 Resolução Conama nº 302/2002 Resolução Conama nº 303/2002 Resolução Conama nº 369/2006
Reserva legal	Lei Federal nº 12.651/2012
Bioma Mata Atlântica	Lei Federal nº 11.428/2006 Decreto Federal nº 6.660/2008 Resolução Conama nº 388/2007 Resolução Conama nº 278/2001
Florestas públicas	Lei Federal nº 11.284/2006
Corredores ecológicos	Lei Federal nº 9.985/2000
Monumentos arqueológicos e pré-históricos	Constituição Federal de 1988 Decreto nº 80.978/1977
Reservas da Biosfera (MaB)	Reconhecidas pela Unesco conforme Conferência sobre a Conservação e Uso Racional dos Recursos da Biosfera em 1968 (Intergovernamental..., 1968) e art. 41 da Lei nº 9.985/2000, regulamentado nos arts. 41 a 45 do Decreto nº 4.340/2002

e as UCs do Estado. Mais recentemente, em 2009, por meio da Lei Estadual nº 13.550, de 2 de junho de 2009, o Estado de São Paulo estabeleceu parâmetros para a utilização e a proteção da vegetação nativa do bioma Cerrado, que ocorre dentro do Estado.

Já o Estado do Rio Grande do Sul instituiu, por meio da Lei nº 11.520, de 3 de agosto de 2000, o Código Estadual do Meio Ambiente do Estado do Rio Grande do Sul, em que definiu, além das áreas contidas em seu Sistema Estadual de Unidades de Conservação, áreas de uso especial, para as quais o órgão competente deve estabelecer as exigências e restrições. São elas: as áreas adjacentes às UCs; as áreas reconhecidas pela Organização das Nações Unidas para a Educação, a Ciência e a Cultura (Unesco) como Reservas da Biosfera; os bens tombados pelo Poder Público; as ilhas fluviais e lacustres; as fontes hidrominerais; as áreas de interesse ecológico, cultural, turístico e científico, assim definidas pelo Poder Público; os estuários, as lagunas, os banhados e a planície costeira; e as áreas de formação vegetal protetivas à erosão de encostas ou de ambientes de grande circulação biológica.

O Estado de Santa Catarina também instituiu o Código Estadual do Meio Ambiente, por meio da Lei nº 14.675, de 13 de abril de 2009, que traz um capítulo sobre espaços protegidos, os quais abrangem: APPs, incluindo situações específicas do Estado para essa categoria; Reserva Legal; Reserva Florestal; Reserva Particular do Patrimônio Natural Estadual; e o próprio Sistema Estadual de Unidades de Conservação.

Apesar do reconhecimento legal dos governos locais como responsáveis na gestão dos ETEPs, há diversas limitações que desafiam uma atuação eficaz e eficiente dos governos municipais, como, por exemplo: ausência de estrutura técnica, administrativa e financeira e de capacidade de gestão; falta de integração no planejamento e nas ações estratégicas de desenvolvimento territorial municipal; escassez de informações; e compreensão sobre a importância e o significado de áreas protegidas.

Tem-se, de fato, um número inferior de UCs municipais em relação às instituídas pelos demais entes federativos. De acordo com o Cadastro Nacional de Unidades de Conservação (CNUC) do Ministério do Meio Ambiente (MMA), em fevereiro de 2018 o número de UCs municipais representou apenas 13% do total no País, conforme pode ser observado na Fig. 5.1. No entanto, observa-se nos últimos anos um aumento na criação das UCs de proteção integral municipais. Em 2017, elas totalizavam 148 UCs, e a última atualização do cadastro indicou 170 UCs municipais, apresentando-se, nesse caso, em maior quantidade do que as federais, segundo o relatório consolidado (http://www.mma.gov.br/areas-protegidas/cadastro-nacional-de-ucs.html).

Contudo, nota-se um dado interessante na relação do número de UCs municipais e federais com a área total dessas unidades. Apesar de o número de UCs municipais de proteção integral ser maior do que o número de UCs federais, em área a soma das UCs municipais é muito inferior. Esse é um dado esperado, uma vez que as escalas de Governo Municipal e Federal são diferentes. A União deve focar seus esforços em áreas maiores e estratégicas que promovam a proteção e a conservação de biomas e ecossistemas,

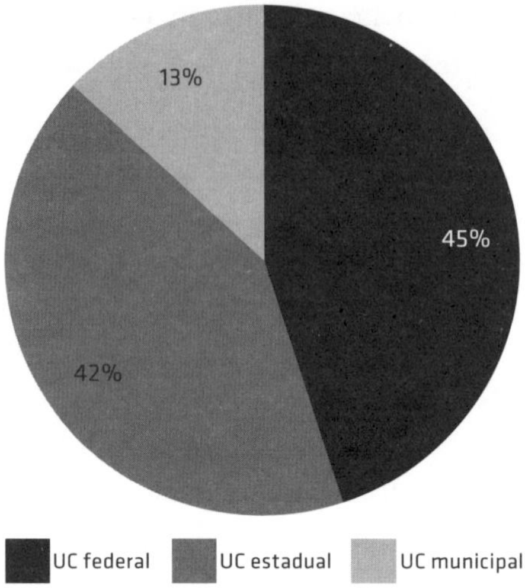

Fig. 5.1 *Percentual do número de UCs em cada esfera de gestão: municipal, estadual e federal*

podendo ultrapassar limites estaduais, e, nesse sentido, os Municípios têm um papel importantíssimo na garantia da conservação das áreas menores que não serão observadas pelo Governo Federal ou Estadual.

Dessa forma, é necessário que os Municípios assumam seu papel de protagonista na gestão dos ETEPs – afinal, quem possui maior proximidade de gestão dos recursos naturais locais é a própria municipalidade. Nesse sentido, a busca pela melhoria na qualidade de vida da população nos centros urbanos e pela sustentabilidade ambiental está vinculada essencialmente à gestão dos ETEPs. Essa relação consiste principalmente na promoção de bem-estar e saúde à população, na manutenção e na melhoria da biodiversidade dos ecossistemas e também em outros benefícios econômicos relevantes.

O relatório técnico *Unidades de Conservação Municipais da Mata Atlântica*, elaborado pela Fundação SOS Mata Atlântica, identificou 15 principais fatores que têm motivado os Municípios a criarem suas UCs. Entre esses fatores, seis foram predominantes: a proteção de remanescentes da vegetação nativa e da paisagem natural em geral; o uso público, com a promoção de lazer, recreação, turismo e ecoturismo; a educação ambiental, proporcionando contato com a natureza e interpretação ambiental; as atividades de pesquisa sobre biodiversidade e/ou aspectos socioeconômicos; a proteção de espécies raras, endêmicas e ameaçadas de fauna e flora nativa; e a proteção de recursos hídricos como bacias, mananciais, rios e outros cursos d'água, principalmente para o abastecimento das cidades (Fundação SOS Mata Atlântica, 2017).

Na escala municipal, é conveniente considerar todas as modalidades de ETEP previstas na legislação ambiental federal e estadual, como forma de fortalecer, agregar e garantir a efetiva proteção delas, e não somente daquelas registradas pelo PNAP ou definidas pela CDB. Cada Município tem sua particularidade em função de seu contexto e pode apresentar mais modalidades de ETEP do que as existentes nas esferas superiores. Assim, é relevante que o Município desenvolva suas próprias ferramentas de domínio municipal e garanta a gestão efetiva dos ETEPs em conformidade com a sua realidade.

5.2 Reconhecimento de espaços territoriais especialmente protegidos no Município e estabelecimento de sistemas municipais

Geralmente, a deficiência na capacidade de definir e gerir espaços territoriais protegidos resulta na desintegração de ações municipais, sendo possível ocorrer até mesmo a contraposição de atos administrativos com a revogação de normativas.

A princípio, é preciso incorporar a cultura do planejamento integrado do território municipal, em que, por meio de um diagnóstico ambiental, obtém-se o reconhecimento de áreas naturais significativas que necessitam de um determinado tipo de proteção legal ou de um manejo específico. Reconhecidas essas áreas, é necessário o entendimento do Governo Municipal sobre cada ETEP, quais serão as modalidades utilizadas e as ferramentas de promoção e efetividade de gestão desses espaços.

A definição de cada modalidade de manejo de ETEP é essencial, uma vez que cada uma tem as suas especificidades ambientais, e também devido ao contexto administrativo e técnico em que se inserem. As especificidades da área levam à necessidade de se definir o grau de restrição ou de adequação do uso dos recursos naturais, o tipo de manejo e os parâmetros de uso e ocupação permitidos em cada ETEP, tanto em seu interior como em suas áreas limítrofes, para compreender o que pode afetar seu equilíbrio e sua dinâmica própria. Além disso, o planejamento funciona como um instrumento estratégico que estabelece o compromisso do governo local na preservação dessas áreas e, consequentemente, da biodiversidade local. Sendo assim, o planejamento torna-se um dispositivo primordial para a promoção de continuidade e maior longevidade de políticas públicas.

Nesse sentido, o reconhecimento de áreas naturais significativas por meio de um diagnóstico ambiental pode ser realizado pela análise espacial do território municipal. Sugere-se um roteiro básico, no qual algumas perguntas podem ser respondidas:

- Quais são as riquezas naturais do Município e quais são as áreas de importância ecológica e ambiental que, por causa de suas peculiaridades, precisam de um certo grau de proteção?

- Onde estão essas riquezas, ou como é a disposição dessas riquezas ambientais: pontuais, em áreas, em manchas ou formando áreas contínuas?
- Como se dará essa proteção? E, com base em todo o arcabouço que a legislação ambiental se dispõe a reconhecer, qual o melhor instrumento administrativo ou jurídico a utilizar?

As respostas obtidas por meio do planejamento estratégico, segundo Johnson (1995 apud Primack; Rodrigues, 2001), atendem às questões fundamentais que devem ser tratadas pelos conservacionistas e podem ser aplicadas para definir novos espaços protegidos: o que precisa ser protegido, onde deve ser protegido e como deve ser protegido.

Após a definição das estratégias, se o arcabouço legal existente não for suficiente para tratar adequadamente da proteção desses espaços, então uma outra etapa tem início: criar novas formas de proteção adequadas à realidade daquela área ou à gestão municipal.

Os principais instrumentos legais, na esfera federal, para a gestão dos ETEPs foram apresentados anteriormente, a exemplo da Constituição Federal, do Snuc, do Código Florestal e das resoluções do Conselho Nacional do Meio Ambiente (Conama), com forte apoio nas orientações da União Internacional de Conservação da Natureza (UICN). Já na escala local, os Municípios podem utilizar-se da Lei Orgânica, dos planos diretores e leis complementares de parcelamento, uso e ocupação do solo e também das Políticas Municipais de Meio Ambiente (ou Código Municipal de Meio Ambiente) do Sistema Municipal de Unidades de Conservação, nos casos em que este existe.

A Lei Orgânica do Município de Campinas (SP), de 1990, por exemplo, determina uma nova modalidade de ETEP: a área de proteção permanente. Em seu art. 190, essa lei especifica quais ambientes se encaixam nessas áreas: as várzeas urbanas; as áreas que abrigam exemplares raros da fauna e da flora; as áreas que servem como local de pouso ou reprodução de migratórios; as paisagens notáveis definidas em lei; e praças, bosques, parques, jardins públicos e maciços florestais naturais ou plantados de domínio público e privado. Essa lei define, ainda, quais áreas de proteção permanente podem ser utilizadas somente em condições que assegurem a preservação do meio ambiente.

Apesar desse instrumento legal de gestão municipal territorial, para a obtenção de uma gestão integrada, eficiente e eficaz é mais significativo que seja criado um sistema municipal de UCs, contemplando as peculiaridades do Município e consolidando tanto ações de conservação e recuperação das áreas selecionadas como os instrumentos financeiros e legais.

A construção de um sistema de UCs é uma orientação dada pelo Snuc para que os Estados e os Municípios desenvolvam em seus âmbitos de governo, cujo objetivo é reconhecer em cada território as suas particularidades em relação a áreas *hotspot* e identificar os instrumentos mais adequados de proteção, uma vez que as categorias de manejo definidas pelo Snuc podem não ser adequadamente aplicáveis em todos os contextos.

Esse sistema, que tem início com o planejamento estratégico, deve identificar as modalidades de proteção mais adequadas à sua realidade e as diretrizes de ocupação, manejo e gerenciamento das áreas protegidas, e deve, em seguida, providenciar regulamentações específicas para criação e definição das categorias, formato de gestão e definição de instrumentos econômicos e legais para gerenciamento do sistema.

Diante do exposto, destaca-se a necessidade da elaboração e da implantação dos sistemas municipais de espaços especialmente protegidos.

5.2.1 A construção coletiva do sistema

A elaboração de um sistema municipal de espaços especialmente protegidos deve inicialmente considerar a revisão de diretrizes e políticas públicas dos demais órgãos que tenham relação ou interferências sobre a gestão do sistema elaborado. Assim, quando um sistema municipal, que foi construído coletivamente com representantes de diversos órgãos, definir, por exemplo, que uma APP com ocupação irregular deve ser recuperada, o órgão responsável pela remoção da população, que necessariamente participou da construção desse sistema, deverá rever seu planejamento interno, adequando-o para que atenda à nova situação que, nesse caso, é a remoção da população afetada. Observa-se, a partir desse exemplo, que o sucesso da gestão está na correta identificação dos atores públicos envolvidos, na definição de procedimentos integrados e sua articulação político-institucional, na identificação das competências e diretrizes de outras pastas do Governo Municipal e dos planos do Governo Estadual.

Outra estratégia necessária para a construção desse sistema é o fortalecimento da relação entre os Municípios vizinhos, ao formular planejamento e ações conjuntas que beneficiem toda a região, ampliando os limites territoriais da gestão municipal e aproximando-os da gestão de paisagens.

É comum, por exemplo, que o rio que fornece o abastecimento público de um Município tenha suas principais nascentes em outro, e que o esgoto gerado em um Município seja lançado próximo ao limite municipal. Dessa forma, é fundamental que Municípios vizinhos trabalhem mutuamente a fim de alcançar os objetivos de conservação ambiental. Nessa mesma perspectiva, fragmentos florestais dispostos em diferentes Municípios podem ser conectados em um *continuum*, mas, para tanto, é necessária a articulação intermunicipal visando a consolidação de um corredor ecológico que extrapole os limites municipais.

Sabe-se que, muitas vezes, o Município não tem estrutura suficiente para tratar sequer das questões ordinárias e emergenciais, o que torna quase impossível o estabelecimento e a gestão de ETEPs ou mesmo os planejamentos conjuntos para contribuir na conservação de um ETEP do Município vizinho. Novamente se destaca que, nesses casos, as parcerias são essenciais, tanto no aprendizado do caminho a seguir quanto na busca de outras formas de aproximação institucional que possam executar aquilo que for planejado.

Em junho de 2017, o Município de Campinas (SP) deu início a um programa intermunicipal com os 20 Municípios da Região Metropolitana de Campinas (RMC), denominado Reconecta RMC, que decorreu de um dos programas do Plano Municipal do Verde, a partir do entendimento de que, para efetivar as ações de conservação e recuperação da fauna e da flora, seria necessário ir além do limite político-administrativo. Foram iniciadas tratativas com os Municípios da RMC, que culminaram com a formalização, em janeiro de 2018, de um Termo de Cooperação Técnica entre os signatários, e com a formulação e implantação de ações que serão delineadas pelos grupos de trabalho que compõem esse projeto. Assim, foram escolhidos quatro temas para serem trabalhados pelos Municípios: recuperação de APP, proteção animal, gestão de UCs existentes e criação de novas UCs. Após uma apresentação inicial, foram identificadas as necessidades de cada Município, bem como sua capacidade ou necessidade de suporte para desenvolvimento de cada um dos temas. Esse é um exemplo de programa intermunicipal que está em fase inicial, mas que já se apresenta muito promissor.

Uma vez construído de forma colaborativa um sistema municipal, ou então criado um ETEP de qualquer modalidade, enfrenta-se uma segunda dificuldade: a gestão.

5.2.2 A gestão do sistema

Para o bom funcionamento de um sistema municipal de espaços especialmente protegidos, não basta somente criar atos normativos com o objetivo de proteção ou conservação de uma área ou um fragmento florestal, que impeçam, por exemplo, a supressão de vegetação. Essa ação é premente e inicial, mas ainda é insuficiente. É necessário também compor um sistema de gestão, que definirá cada modalidade de ETEP, de acordo com seu objetivo e sua necessidade, e reconhecerá as áreas importantes em termos de biodiversidade, instituindo ações para mantê-las.

A criação de UCs, já definidas pelo Snuc, tornou-se a estratégia mais usual tanto pela facilidade de aplicabilidade administrativa como por sua força legal, especialmente porque a Lei Federal nº 9.985/2000 reuniu categorias de manejo de UCs que já vinham sendo definidas legalmente a partir de meados do século passado, com o Decreto Legislativo nº 3, em 1948.

Embora o Código Florestal defina os proprietários rurais como responsáveis pela adequação ambiental de suas propriedades, os longos prazos concedidos para essa ação refletem no atual contexto municipal, em que as APPs encontram-se degradadas, e as reservas legais, não averbadas.

Os parques públicos, parques lineares, praças e afins têm uma função mais social do que ecológica. Assim, sua manutenção geralmente é voltada ao uso público social, sem observar os aspectos da biodiversidade, como, por exemplo, a comum presença de espécies exóticas no paisagismo. No entanto, a existência de parques e praças é fundamental para o sucesso de todo um sistema de espaços municipais protegidos, pois podem funcionar como trampolim ou corredor ecológico, por exemplo, além de aproximar a sociedade da natureza, sensibilizando-a e fazendo-a compreender sua importância, e contribuir para a melhoria do conforto térmico local.

Percebe-se, portanto, que os Municípios apresentam maior potencial na proteção e gestão das áreas protegidas locais. Devido à escala de atuação, eles conseguem dar visibilidade e importância a espaços menores, onde as esferas estadual e federal não são capazes de atuar.

A diversidade de categorias de manejo de ETEP que um Município pode abranger alcança não somente a questão ecológica, mas também a social. Ainda, essa diversidade de categorias permite estratégias de gestão específicas e efetivas para cada caso. Enquanto as UCs estão historicamente mais consagradas e tendem a proteger áreas de maior biodiversidade ou de maior importância ecológica, as outras modalidades de ETEP garantem a proteção de espaços menores, além de também objetivarem a promoção da conectividade entre áreas naturais, seja por meio de espaços prioritariamente de função ecológica, como os corredores ecológicos, seja por meio de espaços com função social mais evidente, como os parques lineares.

O contexto metropolitano em que está imerso o Município de Campinas (SP) promove reflexões sobre o território de uma forma peculiar, no qual estratégias de conservação da biodiversidade e de proteção estão intrinsecamente ligadas a estratégias de conectividade não apenas na promoção de fluxos migratórios bióticos, mas também na produção social, econômica e, especialmente, institucional. É importante entender que, diante desse cenário, toda ação visando a proteção ambiental depende de coadjuvantes, de sintonias entre políticas públicas e de consagração de parcerias. Sendo assim, no contexto metropolitano, tão importante quanto proteger áreas naturais que resguardam ecossistemas únicos no contexto são os caminhos que promovem sua conectividade.

As áreas naturais de importância ecológica e os corredores naturais de conectividade estão respaldados pelo art. 225 da Constituição Federal, que é associada a toda a base legal específica. Assim, entende-se que áreas naturais menores e áreas com função de conectividade são tão importantes para a conservação da biodiversidade quanto os fragmentos que apresentam áreas-núcleo, e para cada situação há a necessidade e a importância da diversidade de categorias específicas de proteção, reforçando os ETEPs como uma importante estratégia de conservação para os governos locais.

5.2.3 Instrumentos econômicos para a efetivação do sistema

Um dos instrumentos de fortalecimento do orçamento para as ações ambientais municipais mais importantes é o imposto sobre a circulação de mercadorias e serviços, o ICMS Ecológico, arrecadado pelo Estado e, segundo o art. 158 da Constituição Federal, com uma parte obrigatoriamente repassada aos Municípios. De acordo com o relatório técnico *Unidades de Conservação Municipais na Mata Atlântica*, da Fundação SOS Mata Atlântica, o ICMS Ecológico está presente em pelo menos um terço dos Municípios brasileiros (IBGE, 2008), e 81,5% (349) dos Municípios com UCs municipais registrados nessa iniciativa se localizam em Estados com esse mecanismo em operação (Fundação SOS Mata Atlântica, 2017).

Compete ao Estado criar o ICMS Ecológico, determinando critérios ambientais para o repasse de uma parcela aos Municípios. No Estado de São Paulo, a Lei Estadual nº 8.510/1993 determinou que 0,5% do ICMS é em função de espaços territoriais especialmente protegidos existentes em cada Município e no Estado, no caso, as UCs e as áreas naturais tombadas. Em 2017, de acordo com a Coordenadoria de Planejamento Ambiental da Secretaria do Estado de Meio Ambiente, foi repassado aos Municípios paulistas um total de R$ 130.297.160,85, conforme tabela intitulada Estimativa de valores, em reais correntes, repassados aos Municípios em 2017 (São Paulo, 2017).

Na mesma linha, a criação de fundos ambientais municipais também se configura como uma alternativa para a gestão dos ETEPs. Esses fundos geralmente são alimentados por recursos oriundos das transferências orçamentárias provenientes de outras entidades públicas, do produto de consórcios e convênios celebrados com entidades de direito público ou privado, nacionais ou internacionais, do valor das multas administrativas impostas pela prática de atos lesivos ao meio ambiente e das taxas incidentes sobre a utilização de recursos ambientais, das transferências da Compensação Financeira pela Exploração de Recursos Minerais (CFEM) e do valor das taxas cobradas pela municipalidade para a outorga de licenças ambientais e de extração mineral, no âmbito de sua competência.

O Município de Campinas, por exemplo, criou o Fundo de Recuperação, Manutenção e Preservação do Meio Ambiente (Proamb), instituído pela Lei Municipal nº 9.811/1998, que tem possibilitado a contratação de empresas via processo licitatório para a elaboração de planos de manejo de UCs. Ainda em Campinas, o novo Plano Diretor da cidade (Lei Complementar nº 189/2018) ampliou as possibilidades de aplicação de recursos às UCs, ao determinar que poderão também ser utilizados, além do fundo ambiental, o Fundo Municipal de Desenvolvimento Urbano e também instrumentos urbanísticos, administrativos, culturais, econômicos e tributários.

No caso das áreas particulares, os descontos ou a isenção no Imposto Predial e Territorial Urbano (IPTU) para os imóveis com Áreas de Preservação Permanente em conformidade com o Código Florestal têm se consagrado como um dos incentivos mais comuns.

De forma complementar, o Pagamento por Serviços Ambientais (PSA) consiste em um instrumento de incentivo (monetário e não monetário) às iniciativas individuais ou coletivas (provedores de serviços ambientais) que favoreçam a manutenção, a recuperação ou o melhoramento de ecossistemas. Esse pagamento pretende cobrar do usuário dos serviços, seguindo os conceitos de "protetor-recebedor e usuário-pagador". O programa pioneiro no PSA e de grande sucesso foi o do Município de Extrema (MG): o Programa Conservador das Águas. De acordo com a Lei Municipal nº 2.100/2005 e seu Decreto nº 2.409/2010, o valor de referência a ser pago aos produtores rurais que aderirem ao projeto é o de cem Unidades Fiscais de Extrema (UFEX) por hectare por ano, e as despesas de execução da lei ocorrem com verbas próprias consignadas no orçamento da Prefeitura Municipal, ou por meio de convênios com entidades governamentais e da sociedade civil.

5.2.4 Sistemas municipais de áreas verdes e UCs

Apresentam-se nessa seção outras experiências locais sobre sistemas voltados à conservação e à proteção de áreas verdes e de UCs locais.

O Município de Belo Horizonte (MG) instituiu, por meio da Lei Municipal nº 10.879/2015, o seu Sistema Municipal de Áreas Protegidas (Smap-BH), a ser constituído pelo conjunto das áreas verdes protegidas da cidade, definidas como espaços territoriais do Município e seus recursos ambientais, legalmente instituídos, de propriedade pública ou privada, com características de relevante valor ambiental, destinados à conservação da natureza, à melhoria da qualidade de vida urbana ou ao uso público, com objetivos e limites definidos e sob condições especiais de administração e uso.

João Pessoa (PB) também instituiu seu Smap, que agrega os atributos naturais da cidade, considerando os grandes remanescentes vegetais, conectados pelos cursos e corpos d'água, bem como os espaços inseridos na malha urbana, que se apresentam como áreas de manutenção de processos ecológicos, de amenização climática, de lazer, turismo e circulação e de proteção do patrimônio cultural do Município.

De acordo com a Lei Municipal nº 12.101/2011 de João Pessoa, áreas protegidas são aquelas instituídas pelo Poder Público que recebem proteção e gestão devido aos valores ambientais, culturais e similares, promovendo a manutenção de processos ecológicos e serviços ambientais, bem como a educação ambiental e o lazer, e incluem as categorias de UCs da natureza e parques municipais. As UCs seguem a definição do Snuc. Já os parques municipais possuem a seguinte categorização: parque linear, parque de requalificação ambiental, parque temático urbano e parque rural.

Outra especificidade do Smap de João Pessoa é o estabelecimento de um Conselho Gestor com a atribuição de administrar e gerir as UCs e os parques municipais, além da necessidade de definir zona de amortecimento em plano de manejo também para os parques municipais.

A criação de um Smap também é importante para a definição das fontes de arrecadação a serem utilizadas na gestão das áreas protegidas. No caso de João Pessoa, o Smap indicou, como fonte de arrecadação: comercialização de produtos e subprodutos florestais, para as UCs de uso sustentável; serviços ambientais e outros serviços obtidos ou desenvolvidos a partir dos recursos naturais, biológicos, cênicos, culturais ou da imagem da UC, exceto de área de proteção ambiental (APA); verba de visitação; pagamento de permissionários; pagamentos de multas por infrações ambientais; compensação ambiental por licenciamento de empreendimento de significativo impacto ambiental, conforme o art. 36 da Lei nº 9.985/2000; contribuição financeira por parte de órgão ou empresa, público ou privado, responsável pelo abastecimento de água e saneamento e que faça uso de recursos hídricos protegidos por UCs; doações e patrocínios; financiamentos de projetos e programas específicos; serviços prestados ou aquisição de bens através de Termos de Ajustamento de Conduta Ambiental.

Já Recife (PE) instituiu o Sistema Municipal de Unidades Protegidas do Recife (Smup), por meio da Lei Municipal nº 18.014/2014. O Smup é constituído pelas Unidades Protegidas (UPs) já instituídas ou que vierem a ser criadas em âmbito municipal, observadas, no que couberem, as disposições contidas no Snuc e na Lei Estadual nº 13.787/2009, que dispõem sobre o Sistema Estadual de Unidades de Conservação da Natureza (Seuc).

O Smup de Recife é um sistema que agrega os atributos naturais da cidade, abrangendo toda a diversidade de ecossistemas existentes no território municipal, como, por exemplo, os grandes maciços vegetais distribuídos nos morros e na planície, conectados pelos cursos e corpos d'água, e também os espaços inseridos na malha urbana que se apresentam como áreas de amenização climática, de compartilhamento socioambiental e de valorização da paisagem urbana, visando a melhoria da qualidade de vida humana.

Conforme a referida legislação municipal, as unidades protegidas (UPs) são os espaços e os elementos naturais e artificiais do território municipal sob atenção e cuidado especial em virtude de algum atributo específico e/ou único que apresentam, por exemplo, se esses espaços forem dotados de significativo interesse ambiental ou paisagístico, ou necessários à preservação das condições de amenização climática ou destinados à prática de atividades contemplativas, culturais, recreativas, esportivas, ecoturísticas, de convivência ou de lazer, bem como de educação ambiental e de pesquisa científica.

As unidades protegidas são constituídas das seguintes categorias: jardins botânicos, UCs da natureza, UCs da paisagem e unidades de equilíbrio ambiental (imóvel de proteção de área verde; jardim histórico; área verde de convivência, recreação, esporte ou lazer; área verde pública de composição viária; árvores e palmeiras tombadas).

Enquanto Recife e João Pessoa incluíram outras categorias de ETEP em seu Sistema Municipal de Áreas Protegidas, conforme a necessidade e as características de suas regiões, o Município de Porto Alegre (RS) instituiu o Sistema Municipal de Unidades de Conservação de Porto Alegre e manteve as mesmas categorias previstas no Snuc, mas avançou, por meio da Lei Complementar nº 679/2011, em sua regulamentação, viabilizando a fiscalização e as penalidades nas UCs, e também definindo o órgão responsável pela administração das UCs.

Já o Município de Ibirarema (SP) instituiu, pela Lei Municipal nº 1.977/2016, o Sistema Municipal de Unidades de Conservação da Natureza, Parques Urbanos e Áreas Verdes de Complemento Urbano. Esse sistema agrupa UCs, parques urbanos, áreas verdes de complemento urbano (jardim público, praça e área verde de complementação viária), mas os coloca em patamares diferentes. As categorias de UCs são as mesmas do Snuc, sendo que as reservas de desenvolvimento sustentável e as reservas extrativistas não foram absorvidas pelo sistema municipal e as demais contêm pequenas alterações que as adequam às necessidades e/ou políticas públicas regionais. Destaca-se que o Snuc determina a obrigatoriedade da zona de amortecimento também para os parques urbanos, mas trata de forma diferente quando a zona de amortecimento incide no meio urbano ou no rural (essa diferença de tratamento também se aplica para as zonas de amortecimento das UCs).

O caminho encontrado pelo Município de Campinas (SP) como estratégia para otimizar a gestão dos ETEPs foi a criação de um Sistema de Áreas Verdes e Unidades de Conservação (SAV-UC), estabelecido pelo Plano Municipal do Verde (PMV), aprovado pelo Decreto Municipal nº 19.167/2016 e incorporado ao atual Plano Diretor (Lei Complementar nº 189/2018).

Primeiramente, no escopo do PMV, foi realizado um breve levantamento do histórico de ocupação do Município de Campinas, o qual indicou que diversas transformações impactaram significativamente a vegetação natural. Aos remanescentes da cobertura florestal restante foram atribuídas funções específicas voltadas predominantemente a uma função mais social ou a uma mais ecológica. Esses remanescentes contemplam diversas categorias de áreas verdes e espaços especialmente protegidos, conforme Tab. 5.1.

Seguindo o objetivo proposto no PMV de assegurar às áreas verdes a melhoria em sua qualidade e o aumento em sua quantidade, destacadas as suas múltiplas funções e considerada a necessidade de um recorte metodológico, as áreas verdes do Município foram analisadas por sua função predominante social ou função predominante ecológica, que são definidas a seguir:

- *Função ecológica*: decorre principalmente de a área verde em questão ser um espaço livre de edificações, permeável, com presença da vegetação natural, e atuar como refúgio para fauna, corredor ecológico e dispositivo de atenuação sonora e de manutenção da qualidade do ar e da quantidade de água, promovendo melhorias no clima da cidade e garantindo a manutenção dos serviços ecossistêmicos.
- *Função social*: está diretamente relacionada ao uso da área verde em questão como espaço público, com a oferta de espaços que possibilitam o lazer associado ao contato com elementos naturais, cujas áreas são providas de infraestrutura apropriada, como a presença de trilhas para caminhadas, bancos para descanso, parquinho para crianças, espaços para manifestações artísticas e culturais e equipamentos para atividades físicas. Assim, essas áreas que possuem acessibilidade, vias de contorno, estrutura de espaço de convívio (com equipamentos públicos de lazer, bancos, iluminação pública, lixeiras) e que atuam como esferas do agir público são aqui consideradas por sua função predominantemente social.

Na Fig. 5.2 são apresentadas as áreas verdes de Campinas classificadas por suas funções predominantes social e ecológica. Essas áreas totalizam 9.460 ha, o que corresponde a 87,67 m²/habitante, considerando a população determinada pelo IBGE para 2010 (1.080.113 habitantes).

A Tab. 5.1 apresenta um resumo das categorias de áreas verdes, com a classificação por domínio, localização, função predominante, área em hectares e quantidade, objetivando alinhar o entendimento dessas diversas categorias para o planejamento ambiental municipal.

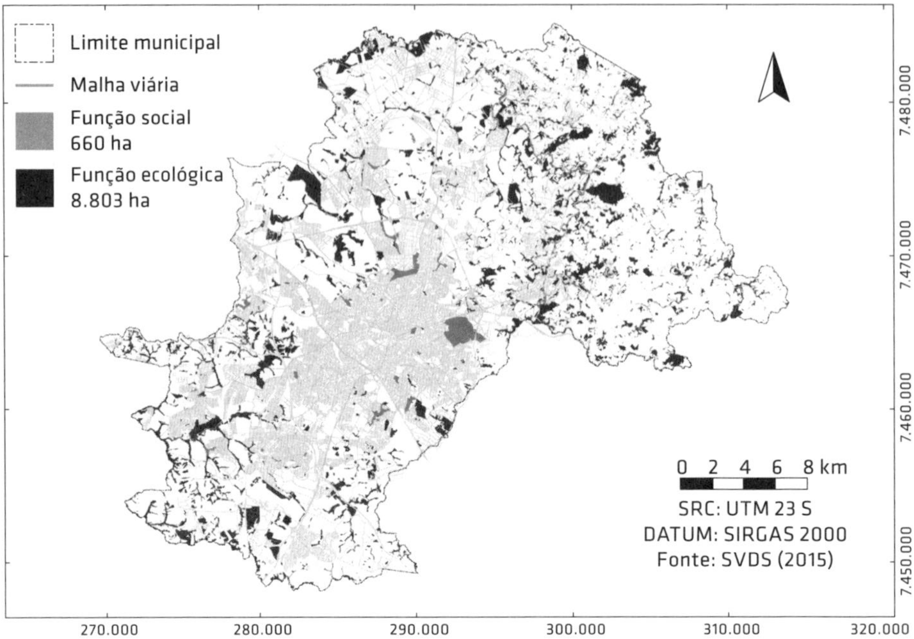

Fig. 5.2 *Áreas verdes de Campinas divididas por sua função social ou ecológica*
Fonte: Campinas (2016).

A partir do diagnóstico qualitativo e quantitativo das categorias da Tab. 5.1 e observando-se as regiões que apresentavam déficit de áreas verdes sociais e que eram prioritárias para a conservação e a conexão, definiu-se um novo SAV-UC (Fig. 5.3), cujos objetivos são:

- assegurar área verde pública de lazer, esporte e recreação para a população, visando a melhoria da qualidade de vida sob a ótica ambiental;
- promover a conexão dos fragmentos com maior prioridade de conservação, visando garantir a biodiversidade e o fluxo de processos ecológicos.

No escopo desse novo SAV-UC, constatou-se que as modalidades definidas pela Lei Orgânica, bem como as UCs municipais criadas de acordo com as categorias de manejo do Snuc, não atendiam à realidade do Município de Campinas dentro de um contexto metropolitano. Esse fato estimulou a aplicação de outro conceito proposto pelo Snuc: a instituição de corredores

Tab. 5.1 Legislação, domínio, área e função predominante por categoria das áreas verdes

<table>
<tr><th>Categoria</th><th>Legislação</th><th>Domínio</th><th>Função</th><th>Cenário atual (ha)</th><th>Cenário proposto na SAV-UC para 2026 (ha)</th></tr>
<tr><td>Parques e bosques</td><td>Lei Orgânica do Município</td><td>Público</td><td>Social</td><td>660</td><td>1.600</td></tr>
<tr><td>Patrimônio natural tombado</td><td>Resolução</td><td rowspan="6">Público ou particular</td><td rowspan="6">Ecológica</td><td>1.150</td><td>*</td></tr>
<tr><td>Unidade de conservação</td><td rowspan="2">Lei Federal nº 9.985/2000</td><td>608</td><td>1.677</td></tr>
<tr><td>Unidade de conservação – categoria APA</td><td>23.216</td><td>29.967</td></tr>
<tr><td>Reserva legal</td><td rowspan="2">Lei Federal nº 12.651/2012</td><td>248</td><td>8.087</td></tr>
<tr><td>Área de preservação permanente</td><td>3.375</td><td>4.966</td></tr>
<tr><td>Remanescentes de vegetação natural</td><td>Lei Federal nº 11.428/2006
Lei Estadual nº 13.550/2009
Lei Orgânica do Município</td><td>8.852</td><td>10.443</td></tr>
</table>

*Os valores para a categoria de patrimônio natural tombado dependem da finalização dos processos dos fragmentos que estão em estudo de tombamento, que indicarão a viabilidade ou não do tombamento.
Fonte: Campinas (2016).

ecológicos, capazes de integrar espaços lineares a importantes áreas que proporcionam *habitat* de flora e fauna.

Os corredores ecológicos são representados pela linha de conectividade (Fig. 5.3), que foi concebida como uma forma de conectar áreas relevantes do ponto de vista ecológico, mantendo ou restaurando a conectividade da paisagem e facilitando o fluxo genético entre populações por meio de alternativas de práticas de pouco impacto nas áreas de interstícios da linha de conectividade.

O novo SAV-UC aparenta ser promissor, uma vez que conseguiu integrar em sua elaboração as administrações direta e indireta da Prefeitura

Municipal de Campinas e a sociedade civil, tendo sido construído à luz de diferentes olhares, o que torna a chance de sucesso muito alta. Essa integração talvez seja o mais difícil para as administrações públicas locais, já que se trata da integração entre os órgãos públicos municipais e as outras esferas de gestão. Essa aproximação pode ser feita por uma matriz de caracterização, situando os problemas em relação aos ETEPs e envolvendo todos os atores na construção do sistema até a definição dos programas.

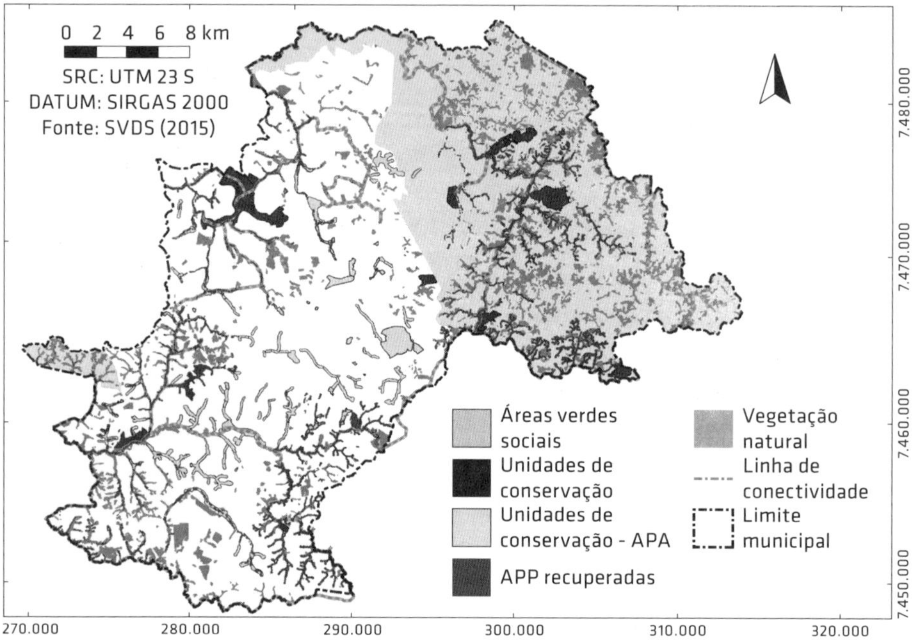

Fig. 5.3 *Sistema de Áreas Verdes e Unidades de Conservação (SAV-UC) do Município de Campinas*

Fonte: Campinas (2016).

5.3 Considerações finais

Os Municípios são protagonistas na conservação e na recuperação do meio ambiente e estão descobrindo que, apesar do quadro complexo e desafiador, com planejamento, estruturação e capacitação das equipes técnicas municipais, fortalecimento da legislação municipal, aporte de recursos financeiros por meio de parcerias, financiamentos e repasses obrigatórios da União e Estado, é possível avançar e consolidar uma gestão e uma governança focadas nas áreas protegidas.

O apoio institucional e técnico de parceiros e a troca de experiências entre os Municípios também é um encaminhamento estratégico para fortalecer as gestões intra e extramunicipal.

Esse é um caminho sem volta, no qual a autonomia municipal mudará o cenário atual e contribuirá, por meio da consolidação de uma gestão eficaz e eficiente, com os espaços territoriais especialmente protegidos no contexto mundial.

Referências bibliográficas

BRASIL. Ministério do Meio Ambiente. Secretaria de Biodiversidade e Florestas. Programa Nacional de Conservação da Biodiversidade. *A convenção sobre diversidade biológica – CDB*: cópia do Decreto Legislativo nº 2, de 5 de junho de 1992. Brasília: Ministério do Meio Ambiente, 2000. Biodiversidade; 1. Disponível em: <http://www.mma.gov.br/estruturas/sbf_dpg/_arquivos/cdbport.pdf> Acesso em: 24 fev. 2018.

CAMPINAS. Prefeitura Municipal. Secretaria Municipal do Verde, Meio Ambiente e do Desenvolvimento Sustentável. *Plano Municipal do Verde*. Campinas: Prefeitura Municipal, 2016. Disponível em: <http://campinas.sp.gov.br/governo/meio-ambiente/plano_municipal_verde.php>. Acesso em: 4 jan. 2018.

DUDLEY, N. (Org.). *Guidelines for applying protected area management categories*. Gland: IUCN, 2008.

FUNDAÇÃO SOS MATA ATLÂNTICA. *Unidades de Conservação Municipais da Mata Atlântica*. São Paulo: Fundação SOS Mata Atlântica, 2017. Relatório técnico. Disponível em: <https://www.sosma.org.br/wp-content/uploads/2017/07/SOSMA-UCs_WEB.pdf>. Acesso em: 1 mar. 2018.

IBGE – INSTITUTO BRASILEIRO DE GEOGRAFIA E ESTATÍSTICA. *Perfil dos Municípios Brasileiros – 2008*. Rio de Janeiro: IBGE, 2008.

INTERGOVERNAMENTAL CONFERENCE OF EXPERTS ON THE SCIENTIFIC BASIS FOR RATIONAL USE AND CONSERVATION OF THE RESOURCES OF THE BIOSPHERE, 1968. Paris, *Final Report*. Paris: United Nations Educational, Scientific and Cultural Organization, 1968. Disponível em: <http://unesdoc.unesco.org/images/0001/000172/017269eb.pdf>. Acesso em: 5 jun. 2018.

JOHNSON, N. *Biodiversity in the balance*: approaches to setting geografic conservation priorities. Washington, DC: Biodiversity Support Program, 1995.

PRIMACK, R. B.; RODRIGUES, E. *Biologia da conservação* Londrina: Planta, 2001.

SÃO PAULO. Secretaria de Estado de Meio Ambiente. Coordenadoria de Planejamento Ambiental. *ICMS ecológico*: valores repassados 2017. São Paulo: Secretaria de Estado de Meio Ambiente, 2017. Disponível em: <http://arquivos.ambiente.sp.gov.br/cpla/2018/02/icms-ecologico-2017.pdf>. Acesso em: 5 jun. 2018.

WDPA – WORLD DATABASE ON PROTECTED AREAS. *Protected Planet*. [2017]. Disponível em: < https://protectedplanet.net/c/world-database-on-protected-areas>. Acesso em: 24 fev. 2018.

6 Gestão das águas na contemporaneidade e planos municipais

Geraldo Ribeiro de Andrade Neto

A água é um elemento essencial à vida, seja como componente bioquímico de seres vivos, seja como elemento representativo de valores sociais e culturais, ou, ainda, como componente da paisagem e do meio ambiente. Com uma distribuição desigual sobre a superfície terrestre e com uma considerável diversidade em suas formas de utilização, a água possui valor inestimável, devendo ser conservada e protegida.

Conceitualmente, há uma grande diferença entre discutir a água e os recursos hídricos. A água é o elemento natural que, desvinculado de qualquer uso antrópico, exerce uma função vital para o suporte da vida no ecossistema em que se insere. Já os recursos hídricos consistem em um termo associado à valoração econômica ou à possibilidade de uso da água para um determinado fim (Miranda, 2012). Nesse contexto, a gestão das águas discutida neste capítulo refere-se ao conceito de recursos hídricos, ou seja, um bem de domínio público, limitado e dotado de valor econômico.

A sustentabilidade do uso da água, sua proteção e seu uso racional se estabelecem com a gestão que, por sua vez, fundamenta-se em uma Política de Recursos Hídricos (Barros, 2005).

Nesse sentido, a gestão dos recursos hídricos significa um conjunto de ações que culminarão na regulação, no controle e na proteção desses recursos. Para que a gestão seja efetiva, o órgão gestor deve possuir instrumentos e insumos para o equacionamento da qualidade, da quantidade e das condições de arranjo territorial, de modo que os usos dos recursos hídricos proporcionem o máximo de eficiência, sem o comprometimento da sustentabilidade e da manutenção das funções ecológicas naturais dos cursos d'água (Campinas, 2016).

Para Setti et al. (2001), no cenário mundial de iminente escassez dos recursos hídricos, a disseminação dos fatores e das condicionantes para uma gestão participativa e integrada, de acordo com as evoluções conceituais, organizacionais, tecnológicas e institucionais do gerenciamento de recursos hídricos, constitui um quesito fundamental para um desenvolvimento equilibrado e em consonância com a preservação do meio ambiente. Portanto, segundo os autores, o estudo e o aperfeiçoamento contínuo da gestão das águas, considerando sua complexidade, são fundamentais, devido principalmente aos seguintes fatores:

- *Desenvolvimento econômico*: ocasiona o aumento das demandas de recursos hídricos, seja como bem intermediário, seja como bem de consumo final.
- *Aumento populacional*: traz a necessidade direta de maior disponibilidade de recursos hídricos para consumo final e, de forma indireta, força um aumento de investimentos na economia para criação de empregos, causando, com isso, uma maior demanda de recursos hídricos como bem intermediário.
- *Expansão da agricultura*: aumenta o consumo regional de recursos hídricos para irrigação, com possíveis conflitos de uso, no caso de escassez.
- *Pressões regionais*: voltadas para as reivindicações por maior equidade nas condições inter-regionais de desenvolvimento econômico, qualidade ambiental e bem-estar social, pressionando os órgãos responsáveis pela gestão dos recursos hídricos no sentido do atendimento desses anseios;
- *Mudanças tecnológicas*: trazem necessidades específicas para os recursos hídricos e possibilitam novas técnicas construtivas e de utilização, modificando a situação vigente de apropriação desses recursos; tais mudanças podem permitir um aumento físico dos sistemas de uso, de controle e de proteção e, consequentemente, um aumento da abrangência de seus efeitos espaciais e temporais.
- *Mudanças sociais*: trazem novos tipos de necessidades e demandas, ou modificam o padrão das necessidades e demandas correntes das águas.
- *Urbanização*: acarreta maior concentração espacial das demandas sobre os recursos hídricos e impermeabiliza o solo com o consequente agravamento das enchentes urbanas, além do prejuízo na recarga dos aquíferos.
- *Necessidades ambientais*: intensificam as exigências relacionadas à qualidade ambiental, motivando a aprovação de legislação mais

rigorosa relacionada a águas e impactos ambientais do uso dos recursos hídricos.
- *Incerteza do futuro*: permeando todos os fatores anteriores, existe a incerteza sobre quando, como, onde e com que intensidade ocorrerão as necessidades e demandas mencionadas, o que dificulta as tarefas do planejador.

Nesse contexto, a gestão das águas na contemporaneidade deverá ordenar seu uso múltiplo e possibilitar sua preservação para as futuras gerações, minimizando ou mesmo evitando os problemas decorrentes da escassez e da poluição dos cursos de água, os quais afetam e comprometem os diversos usos dos recursos hídricos.

Portanto, segundo Setti et al. (2001), uma gestão de águas eficiente deve ser constituída por:

- uma política que estabeleça as diretrizes gerais;
- um modelo de gerenciamento que estabeleça a organização legal e institucional;
- um sistema de gerenciamento, que reúna os instrumentos para o preparo e a execução do planejamento de uso, controle e proteção das águas.

6.1 Gestão das águas no Brasil

Foi-se o tempo em que a água, considerada a sua abundância, era tratada como um bem livre, sem valor econômico. Com o crescimento da sua demanda, começam a surgir conflitos entre usos e usuários da água, a qual passa a ser escassa. Essa escassez também pode decorrer de aspectos qualitativos, como, por exemplo, quando a poluição afeta de tal forma a qualidade da água que os valores excedem os padrões admissíveis para determinados usos, o que gera uma série de conflitos entre os diversos usuários (Hespanhol, 2006). Nessa conjuntura, deve-se atribuir o justo valor à água, a qual precisa ser gerida como um bem econômico.

No Brasil, de acordo com Henkes (2003), a importância dada à gestão da água data de 1824, com a Constituição do Império, que visava a proteção da saúde humana e da sustentabilidade dos recursos a fim de estabelecer o crescimento econômico do País.

Ainda segundo Henkes (2003), em 1920, como reflexo da importância da gestão da água, foi criado o primeiro órgão responsável por seu entendimento, isto é, a Comissão de Estudos de Forças Hidráulicas, do Serviço Geológico e Mineralógico, vinculada ao Ministério da Agricultura, em que o tema era tratado pela perspectiva do direito de navegação e pesca.

Durante esse período, acreditava-se que o recurso hídrico era um bem infinito. Porém, no ano de 1934, com a publicação do Código das Águas (Decreto Federal nº 24.643, de 10 de julho de 1934), a água passou a ser abordada como bem de valor econômico coletivo, deixando de ser tratada apenas como direito de navegação e pesca e assegurando, por exemplo, a produção energética.

Nesse sentido, o Código das Águas é considerado um marco no cenário legal brasileiro envolvendo a gestão dos recursos hídricos, pois estabelece uma política complexa, baseada em questões de penalidades, propriedade, domínio, aproveitamento, navegação, regulação, concessões, fiscalização, desapropriação e força hidráulica.

Entretanto, em vista do aumento das demandas e de mudanças institucionais, tal ordenamento jurídico não foi capaz de incorporar meios para combater o desequilíbrio hídrico e os conflitos de uso, tampouco de promover meios adequados para uma gestão descentralizada e participativa, que são exigências dos dias de hoje (Pereira, 2012). Para preencher essa lacuna, destacam-se dois ordenamentos jurídicos que foram sancionados:

- Lei Federal nº 9.433, de 8 de janeiro de 1997, que instituiu a Política Nacional de Recursos Hídricos e estabeleceu o Sistema Nacional de Gerenciamento de Recursos Hídricos.
- Lei Federal nº 9.984, de 17 de julho de 2000, que criou a Agência Nacional de Águas (ANA), entidade federal encarregada da implementação dessa política e da coordenação desse sistema.

Convém ressaltar, ainda, que a Política Estadual de Recursos Hídricos do Estado de São Paulo (Lei Estadual nº 7.663, de 30 de dezembro de 1991) e a do Ceará (Lei Estadual nº 11.996, de 24 de julho de 1992) antecedem a Política Nacional de Recursos Hídricos (PNRH). No entanto, não houve necessidade de adaptar o sistema paulista de gerenciamento de recursos hídricos ao nacional, pois este se baseou na experiência do Estado de São Paulo.

6.1.1 A Política Nacional dos Recursos Hídricos

A Política Nacional dos Recursos Hídricos (Lei nº 9.433/1997) baseia-se nos seguintes fundamentos:

- A água é um bem de domínio público, ou seja, o Poder Público é o gestor desse bem, no interesse de todos.
- A água é um recurso natural limitado, dotado de valor econômico. Esse item alerta para a necessidade de uma utilização preservacionista desse bem natural, por meio de seu uso racional, o que inclusive serve de base para a instituição da cobrança pela utilização dos recursos hídricos.
- Em situações de escassez, o uso prioritário dos recursos hídricos é o consumo humano e a dessedentação de animais.
- A gestão dos recursos hídricos deve sempre proporcionar o uso múltiplo das águas. Esse item coloca todas as categorias usuárias em igualdade de condições ao acesso a esse recurso natural, quebrando o favorecimento conferido ao setor elétrico.
- A bacia hidrográfica é a unidade territorial para implementação da Política Nacional de Recursos Hídricos e atuação do Sistema Nacional de Gerenciamento de Recursos Hídricos. Portanto, têm-se os limites da bacia como a definição do perímetro da área a ser planejada, facilitando o confronto entre as disponibilidades e as demandas, essencial para o estabelecimento do balanço hídrico.
- A gestão dos recursos hídricos deve ser descentralizada e contar com a participação do Poder Público, dos usuários e das comunidades. Ou seja, o que pode ser decidido no âmbito de governos regionais, e mesmo locais, não deve ser tratado em Brasília ou nas capitais de Estados. Quanto à gestão participativa, ela permite aos usuários, à sociedade civil organizada, a organizações não governamentais (ONGs) e a outros agentes interessados a possibilidade de influenciar no processo de tomada de decisão.

Ainda é um aspecto relevante da Lei nº 9.433/1997 o estabelecimento de instrumentos de política para o setor, que visa organizar a gestão integrada de recursos hídricos por meio de ações de planejamento, regulação, fiscalização e divulgação de informações. Segundo a ANA (2017), os cinco instrumentos de gestão da PNRH se inter-relacionam. Por exemplo: para a concessão de outorga de uso dos recursos hídricos em um determinado trecho de curso d'água, é necessário observar a classe de uso em que este se encontra enquadrado, definida preferencialmente no plano de recursos hídricos. O plano é um instrumento de planejamento que orienta em grande medida a aplicação dos instrumentos, por sua grande influência em todos eles. O cadastramento de usuários e a fiscalização do uso dos recursos hídricos, por sua vez, são ações de gestão que subsidiam uma eficiente aplicação dos instrumentos de gestão, especialmente a outorga e a cobrança.

Discorre-se, a seguir, sobre os instrumentos da PNRH referenciados em ANA (2017).

Planos de Recursos Hídricos

São documentos programáticos para o setor no espaço de cada bacia hidrográfica, com proposições de metas para quantidade e qualidade dos recursos hídricos, de programas e projetos a serem implantados e de diretrizes para outros instrumentos de gestão, como, por exemplo, prioridades para outorga de direitos de uso da água ou para cobrança pelo uso de recursos hídricos (Léo, 2014).

Conforme documento intitulado *Definição dos limites de abrangência do escopo do Plano Nacional de Recursos Hídricos* (Chagas, 2005), a responsabilidade sobre a gestão dos recursos hídricos nos níveis federal, estadual, distrital e de bacia divide-se em gestão estratégica para a União e os Estados e gestão operacional para os Distritos e os Planos de Bacias. Em outras palavras, significa que os Planos de Bacia e, por conseguinte, qualquer plano diretor de gestão dos recursos hídricos municipais devem conversar com as diretivas maiores estabelecidas nos Planos Estaduais e no Plano Nacional.

Sobre essa temática, a Lei nº 9.433/1997 esclarece que:

> Art. 6º. Os Planos de Recursos Hídricos são planos diretores que visam a fundamentar e orientar a implementação da Política Nacional de Recursos Hídricos e o gerenciamento dos recursos hídricos.
> Art. 7º. Os Planos de Recursos Hídricos são planos de longo prazo, com horizonte de planejamento compatível com o período de implantação de seus programas e projetos e terão o seguinte conteúdo mínimo:
> I – diagnóstico da situação atual dos recursos hídricos;
> II – análise de alternativas de crescimento demográfico, de evolução de atividades produtivas e de modificações dos padrões de ocupação do solo;

> III – balanço entre disponibilidades e demandas futuras dos recursos hídricos, em quantidade e qualidade, com identificação de conflitos potenciais;
> IV – metas de racionalização de uso, aumento da quantidade e melhoria da qualidade dos recursos hídricos disponíveis;
> V – medidas a serem tomadas, programas a serem desenvolvidos e projetos a serem implantados, para o atendimento das metas previstas;
> VI – (VETADO);
> VII – (VETADO);
> VIII – prioridades para outorga de direitos de uso de recursos hídricos;
> IX – diretrizes e critérios para a cobrança pelo uso dos recursos hídricos;
> X – propostas para a criação de áreas sujeitas a restrição de uso, com vistas à proteção dos recursos hídricos.

Portanto, os Planos de Recursos Hídricos visam garantir o desenvolvimento sustentável da bacia hidrográfica, uma vez que elaboram diagnósticos sobre as potencialidades hídricas e as demandas de uso das bacias, identificando conflitos entre as atividades desenvolvidas pelos setores usuários de água, além de definir o plano de investimentos, que possibilita a compatibilização e a mediação desses conflitos.

Enquadramento dos corpos de água em classes, segundo os usos preponderantes da água

O enquadramento é um instrumento de monitoramento e planejamento das ações para assegurar a qualidade das águas. Consiste em metas de qualidade a serem alcançadas nas bacias hidrográficas em determinado período, a fim de que os usos pretendidos possam ser liberados.

Acerca desse instrumento, a Lei nº 9.433/1997 determina que:

> Art. 9º. O enquadramento dos corpos de água em classes, segundo os usos preponderantes da água, visa a:
> I – assegurar às águas qualidade compatível com os usos mais exigentes a que forem destinadas;
> II – diminuir os custos de combate à poluição das águas, mediante ações preventivas permanentes.

Nesse sentido, trata-se de um instrumento que permite integrar a gestão da quantidade e a gestão da qualidade da água.

A Resolução Conama nº 357/2005, por sua vez, estabelece a classificação dos corpos de água e dá as diretrizes ambientais para o seu enquadramento, além de estabelecer as condições e os padrões de lançamento de efluentes nas águas.

Outorga dos direitos de uso de recursos hídricos

A PNRH estabelece que o regime de outorga de direitos de uso de recursos hídricos tem como objetivo assegurar o controle quantitativo e qualitativo dos usos da água e o efetivo exercício dos direitos de acesso à água (Lei nº 9.433/1997, art. 11). Ademais, a outorga não implica a alienação parcial das águas, que são inalienáveis, e sim o simples direito de seu uso (Lei nº 9.433/1997, art. 18).

Segundo a Lei nº 9.433/1997, art. 12, estão sujeitos à outorga a derivação ou captação de parcela de corpo d'água, a extração de aquífero subterrâneo, o lançamento em corpo de água de esgotos e outros efluentes e o aproveitamento de potenciais hidrelétricos.

O uso da água para qualquer fim, salvo para aproveitamento considerado insignificante, fica sujeito à outorga onerosa pelo Poder Público. A outorga será expedida por prazo não superior a 35 anos, renovável por igual período, mas poderá ser revogada pelo não cumprimento de suas condições pelo outorgado ou por relevante interesse público. A outorga deverá ser expedida pela autoridade competente federal ou estadual, de acordo com o domínio da corrente aquífera.

Convém ressaltar, por fim, que a outorga é um instrumento articulado com os demais, ou seja, os critérios para repartição das vazões, como, por exemplo, balanço hídrico e metas de racionalização, serão definidos pelos Planos de Recursos Hídricos; esses critérios deverão respeitar as metas de qualidade do enquadramento dos corpos de água, determinar os quantitativos a serem arrecadados pela cobrança pelo uso da água e, ainda, garantir por meio do sistema de informação sobre recursos hídricos a transparência e o acesso a essas informações (autorizações).

Cobrança pelo uso dos recursos hídricos

Esse instrumento consiste na imposição, ao usuário, de contribuição pecuniária pela utilização dos recursos ambientais utilizados com fins econômicos, com observância do princípio do usuário-pagador disposto na Lei nº 9.433/1997.

Sobre a valorização econômica da água, Santos (2003) afirma que, ante sua escassez como bem ambiental, a água passou a ter uma valoração econômica e jurídica cada vez maior, inversamente proporcional à sua disponibilidade.

Para Setti et al. (2001), a cobrança pelo uso da água é essencial para criar as condições de equilíbrio entre as forças da oferta (disponibilidade da água) e da demanda, promovendo, em consequência, a harmonia entre os usuários competidores, ao mesmo tempo que também promove a redistribuição dos custos sociais e a melhoria da qualidade dos efluentes lançados e enseja a formação de fundos financeiros para o setor.

Segundo a Lei nº 9.433/1997, art. 19, os objetivos da cobrança pela utilização da água são:

> I – reconhecer a água como bem econômico e dar ao usuário uma indicação de seu real valor;
> II – incentivar a racionalização do uso da água;
> III – obter recursos financeiros para o financiamento dos programas e intervenções contemplados nos planos de recursos hídricos.

Nesse contexto, serão cobrados os usos da água pelo Poder Público, sujeitos à outorga. Vale lembrar que, em situações de escassez, o uso prioritário dos recursos hídricos deve ser o consumo humano e a dessedentação de animais, segundo inciso III do art. 1º e inciso V do art. 15 da Lei nº 9.433/1997.

Sistema de Informações sobre Recursos Hídricos

O sistema de informações, pautado na transparência e na segurança da informação, tem como escopo garantir a todos o acesso à informação. A Lei nº 9.433/1997 esclarece:

> Art. 25. O Sistema de Informações sobre Recursos Hídricos é um sistema de coleta, tratamento, armazenamento e recuperação de informações sobre recursos hídricos e fatores intervenientes em sua gestão.
> Parágrafo único. Os dados gerados pelos órgãos integrantes do Sistema Nacional de Gerenciamento de Recursos Hídricos serão incorporados ao Sistema Nacional de Informações sobre Recursos Hídricos.

> Art. 26. São princípios básicos para o funcionamento do Sistema de Informações sobre Recursos Hídricos:
> I – descentralização da obtenção e produção de dados e informações;
> II – coordenação unificada do sistema;
> III – acesso aos dados e informações garantido à toda a sociedade.
> Art. 27. São objetivos do Sistema Nacional de Informações sobre Recursos Hídricos:
> I – reunir, dar consistência e divulgar os dados e informações sobre a situação qualitativa e quantitativa dos recursos hídricos no Brasil;
> II – atualizar permanentemente as informações sobre disponibilidade e demanda de recursos hídricos em todo o território nacional;
> III – fornecer subsídios para a elaboração dos Planos de Recursos Hídricos.

Dessa forma, o Sistema Nacional de Informações sobre Recursos Hídricos é fundamental para a integração das ações relacionadas à gestão de recursos hídricos nos níveis federal, estadual e municipal, suprindo as necessidades dos atores envolvidos na gestão da água. A fim de auxiliar o funcionamento desse sistema, destaca-se o Programa Nacional de Avaliação da Qualidade das Águas (PNQA), que surgiu pela necessidade do monitoramento da qualidade das águas no Brasil e influenciou diretamente na gestão dos recursos hídricos e na solução de conflitos entre os diversos usos da água.

Conforme exposto, o regime jurídico das águas sofreu radical transformação com a promulgação da Lei Federal nº 9.433/1997, inspirada no modelo francês, que permite gestão participativa e descentralizada dos recursos hídricos. Sua abordagem dos recursos hídricos avança ao ampliar o conjunto de instrumentos de gestão, que antes consistia apenas na outorga da Política Estadual e que agora consiste também nos Planos de Recursos Hídricos, no enquadramento dos corpos de água e na cobrança pelo uso, entre outros.

Outro avanço da Política Nacional é a ampliação dos objetivos; quando, para o Estado de São Paulo, o objetivo é assegurar controle e uso e qualidade, a União aprofunda o escopo para assegurar a disponibilidade de água, o uso racional e integrado e a prevenção e defesa.

Em suma, as mudanças advindas da promulgação da Política Nacional atuam sobre os princípios que devem nortear a gestão no território nacional, fazendo-os perder o caráter controlador, reativo e doutrinário que possuíam para se transformarem em propostas proativas de caráter integrador e articulador.

Diante do exposto, destaca-se por fim a adoção da bacia hidrográfica como unidade de planejamento, que, além de contribuir com o gerenciamento ecossistêmico dos recursos hídricos, viabiliza essa gestão em âmbito local, incentivando a elaboração de planos municipais de recursos hídricos.

6.2 Plano Municipal de Recursos Hídricos (PMRH): experiência nas bacias PCJ

Segundo Setti et al. (2001), a gestão das águas é uma atividade analítica e criativa voltada à formulação de princípios e diretrizes, para o preparo de documentos orientadores e normativos, a estruturação de sistemas gerenciais e a tomada de decisões que têm por objetivo final promover inventário, uso, controle e proteção dos recursos hídricos.

Todavia, as atribuições no gerenciamento dos recursos hídricos no Brasil necessitam de aprimoramentos, pois envolvem diversas entidades públicas (federais, estaduais e municipais) e privadas, com organização confusa e desarticulada, dificultando o uso múltiplo e integrado dos recursos hídricos.

Para Santos (2004), a boa execução da gestão depende de um correto planejamento voltado para as necessidades e demandas reais e futuras, por meio dos cenários pretendidos. Assim, para o planejamento dos recursos hídricos, visando a elaboração do PMRH, considera-se:

- *A orientação/definição de objetivos:* dentro de um arranjo institucional, é o direcionamento estratégico do plano, o qual consiste em definir os meios de implementação, a área de estudo, o recorte estratégico e a pergunta-chave que deve orientar o futuro que se quer.
- *O diagnóstico*: nessa etapa, deve-se indicar "onde" se está e "para onde" se quer ir, por meio da análise integrada de fragilidades e potencialidades, acertos e conflitos, bem como da comparação entre os cenários passados e presentes.
- *O prognóstico*: baseada na construção de cenários prospectivos, modelagens ou simulações, essa etapa deve avaliar as questões temporais, identificar alternativas e propor cenários futuros factíveis, culminando na tomada de decisão ou na seleção de alternativas e definição do modelo a ser seguido, o qual deve orientar o direcionamento estratégico para a próxima etapa.

- *A formulação, as metas e as diretrizes*: é a proposição de programas, estratégias de monitoramento e de controle e subsídios ao gerenciamento, bem como de mecanismos de gestão.

Nesse contexto, serão apresentadas as experiências de elaboração e execução de Planos Municipais de Recursos Hídricos (PMRH) de Municípios inseridos nas Bacias Hidrográficas dos Rios Piracicaba, Capivari e Jundiaí (Bacias PCJ), pautados nos pilares de negociação e articulação com os atores envolvidos na gestão das águas.

Optou-se por apresentar as experiências dos Municípios distribuídos ao longo das bacias PCJ, com a seleção de três Municípios: de Camanducaia (MG), situado na cabeceira das bacias, em sua porção mineira; de Campinas (SP), situado na porção central; e de Piracicaba (SP), situado na foz. Além da localização, outro ponto fundamental que corroborou a escolha dos referidos entes federativos foi a concepção dos planos, que foram contratados e elaborados por empresas de engenharia e planejamento ambiental, no caso de Camanducaia (MG) e Piracicaba (SP), e desenvolvidos pelo próprio corpo técnico da prefeitura, no caso de Campinas (SP).

6.2.1 Bacias PCJ

O território composto pelas bacias PCJ é um pequeno recorte da bacia hidrográfica do rio da Prata. Com uma área total de 15.303,67 km^2, esse território situa-se na parte Sudeste do Brasil e divide-se entre os Estados de Minas Gerais e São Paulo, com extensão aproximada de 300 km no sentido Leste-Oeste e 100 km no sentido Norte-Sul (Léo, 2014).

Segundo a Cobrape (2011), as bacias PCJ englobam 67 Municípios, abrigam mais de cinco milhões de habitantes e, além de serem o segundo maior parque produtivo do Brasil, sustentam o abastecimento hídrico de grande parte da Região Metropolitana de São Paulo, possuindo, portanto, conotação de interesse nacional quanto à sua disponibilidade hídrica e ao gerenciamento desse recurso.

Diante das divisões estabelecidas pelas Políticas Estaduais e Nacional de Recursos Hídricos, as bacias PCJ dividem-se em unidades de gerenciamento distintas. Sob a ótica da Divisão Hidrográfica Nacional (Resolução CNRH nº 32, de 15 de outubro de 2003), as bacias PCJ estão completamente inseridas na Região Hidrográfica do Paraná. Na divisão proposta em conformidade com a Política Estadual de Recursos Hídricos paulista, o território das bacias PCJ no Estado de São Paulo é denominado Unidade de Gerenciamento de Recursos Hídricos nº 5 (UGRHI 05).

6.2.2 PMRH de Camanducaia (MG)

A Agência das Bacias PCJ contratou em 2012, por meio de recursos da cobrança federal pelo uso da água, a elaboração do PMRH do Município de Camanducaia (MG), desenvolvido pela empresa Irrigart (Engenharia e Consultoria em Recursos Hídricos e Meio Ambiente Ltda.), com o objetivo básico de estabelecer metas e ações de curto, médio e longo prazo, para melhoria da qualidade e da disponibilidade das águas superficiais e subterrâneas.

O Município de Camanducaia localiza-se no extremo sul do Estado de Minas Gerais, próximo à divisa com o Estado de São Paulo. Segundo a Irrigart (2013), a população do Município foi estimada em 21.162 habitantes para 2012, apresentando uma densidade demográfica de 39,89 habitantes/km², com taxa de urbanização de 73,43% – uma das menores taxas das bacias PCJ.

a) Diagnóstico

O diagnóstico pode ser dividido em duas etapas. A primeira discorre sobre o levantamento de informações básicas, que caracteriza os aspectos socioeconômicos e ambientais, culminando na elaboração de 16 mapas temáticos. Já a segunda parte trata da análise e do diagnóstico dos recursos hídricos do Município de Camanducaia, caracterizando suas bacias hidrográficas. Adotou-se a divisão dos recursos hídricos em dez microbacias, visando a hierarquização destas, por meio dos seguintes parâmetros e respectivos pesos:

- Percentual de uso do solo ocupado pela mancha urbana: peso = 5.
- Percentual de vegetação remanescente na bacia hidrográfica: peso = 2.
- Percentual de vegetação existente nas áreas de preservação permanente (APPs): peso = 3.
- Relação nascentes/km²: peso = 4.

b) Prognóstico: elaboração de cenários

O prognóstico foi estabelecido para dois períodos distintos: 2014-2020 (cenário provável) e 2020-2035 (cenário tendencial). Para cada um dos cenários, os problemas encontrados na fase de diagnóstico foram projetados para o fim do período, com base nas ações a serem realizadas.

O cenário traçado pela Irrigart, empresa responsável pelo estudo, corrobora a tendência natural à preservação ambiental do Município de Camanducaia, haja vista a importância da produção de água nessas áreas para o abastecimento da Região Metropolitana de São Paulo, por meio do Sistema Cantareira, e do aglomerado urbano de Campinas e de Piracicaba.

Segundo a Irrigart (2013), os principais problemas identificados nas bacias hidrográficas de Camanducaia foram:

- A ocupação de áreas de preservação nas áreas rurais, principalmente por pastagens extensivas.
- As enchentes na área urbana devido à sua localização – nas margens do Rio Camanducaia – e a ocupação sem controle realizada no passado.
- A infraestrutura urbana relacionada ao saneamento bastante precária, com ausência de tratamento de esgoto em todo o Município. O problema do esgoto é agravado pela grande dispersão de bairros isolados.

c) Programas e ações

Esse item trata de uma síntese dos programas propostos para alcançar melhorias necessárias no Município de Camanducaia, de acordo com o horizonte dos cenários: provável (2014-2020) e tendencial (2020-2035), conforme Tabs. 6.1 e 6.2, respectivamente.

Do planejamento à gestão: a atual situação de implementação do PMRH em Camanducaia

Os programas propostos preveem duas ações para combater os grandes problemas do Município: obras estruturais propostas no Plano de Macrodrenagem, para minimizar as recorrentes enchentes na área urbana perto da calha do Rio Camanducaia; e a remuneração dos produtores rurais que preservem suas propriedades, aliando a geração de renda com a preservação ambiental, por meio, por exemplo, de programas de pagamento por serviços ambientais.

Nesse contexto, em 2015 foi publicada a Lei Municipal nº 2.198, que cria o Projeto Guardião das Águas (PSA de Camanducaia), autorizando o Executivo a prestar apoio financeiro aos proprietários rurais.

Tab. 6.1 **Proposição de programas: cenário provável (2014-2020)**

Programas		Custo estimado total no período indicado (R$)	Desenvolvimento/ coordenação
PP.1	Programas de comunicação com a população (sinalização de pontes e travessias)	100.000,00	Prefeitura de Camanducaia
PP.2	Projetos e obras de drenagem (Plano Municipal de Macrodrenagem)	750.000,00	Prefeitura de Camanducaia
PP.3	Saneamento (coleta e tratamento de esgoto sanitário; aterros sanitários; Plano Municipal de Saneamento Básico)	18.900.000,00	Companhia de Saneamento de Minas Gerais (Copasa)/ Prefeitura de Camanducaia
PP.4	Recuperação de nascentes e de APPs (Projeto piloto conservador de águas – PSA)	2.180.000,00	Prefeitura de Camanducaia
PP.5	Coordenação institucional (organização documental dos produtos do PMRH; elaboração de legislação e atualização do Plano Diretor quanto aos recursos hídricos; parceria para implantar ações de conservação do solo e da água)	-	Prefeitura de Camanducaia

Fonte: adaptado de Irrigart (2013).

Tab. 6.2 **Proposição de programas: cenário tendencial (2020-2035)**

Programas		Custo estimado total no período indicado (R$)	Desenvolvimento/ coordenação
PT.1	Projetos e obras de drenagem (conclusão das obras previstas no Plano de Macrodrenagem)	25.000.000,00	Prefeitura de Camanducaia
PT.2	Nascentes e APPs (implantação plena do programa de pagamentos por serviços ambientais – PSA)	20.000.000,00	Prefeitura de Camanducaia

Fonte: adaptado de Irrigart (2013).

Por último, convém ressaltar a elaboração, pela Irrigart, de um sistema de informações ambientais para o Município em questão, por meio de um banco de dados georreferenciado, para auxiliar na gestão ambiental. Uma vez que o planejamento ambiental depende, fundamentalmente, da disponibilidade e da consistência dos dados, e que os pequenos Municípios carecem dessas informações, a organização desses dados é fundamental para o entendimento completo da temática do meio ambiente, sendo uma ferramenta essencial para a gestão de políticas públicas ambientais, inclusive para o gerenciamento dos recursos hídricos.

6.2.3 PMRH de Campinas (SP)

No Município de Campinas, a Política Municipal dos Recursos Hídricos, instituída pela Lei Municipal nº 12.787, de 20 de dezembro de 2006, foi a primeira ação para atingir os objetivos do planejamento dos recursos hídricos, pois elencou os principais instrumentos necessários para direcionar as necessidades legais e normativas sobre o tema. Entre os instrumentos criados, estabeleceu-se a necessidade da elaboração do Plano Municipal de Recursos Hídricos (PMRH). Porém, apenas em 2014, a equipe técnica de órgãos afins, orientou esforços para a elaboração do PMRH de Campinas, finalizado em junho de 2016 por meio do Decreto Municipal nº 19.168/2016.

O Município de Campinas ocupa uma área de 797,6 km² e situa-se na porção centro-leste do Estado de São Paulo. Com população total de 1.080.113 habitantes, apresenta densidade demográfica de 1.355,65 habitantes/km².

a) Diagnóstico

Como primeira ação na construção do PMRH, estabeleceu-se a unidade de planejamento dos recursos hídricos. Considerando-se as Políticas de Recursos Hídricos Municipal (Lei nº 12.787/2006), Estadual (Lei nº 7.663/1991) e Nacional (Lei nº 9.433/1997), definiram-se as bacias hidrográficas como unidade de planejamento dos recursos hídricos, em uma divisão de 30 microbacias, conforme a Fig. 6.1.

Segundo Santos (2004), as bacias hidrográficas são reconhecidas universalmente como um sistema natural que delimita o espaço, pois é definida por uma configuração topográfica drenada por um curso d'água principal e todos os seus contribuintes. Além disso, essa área delimitada e

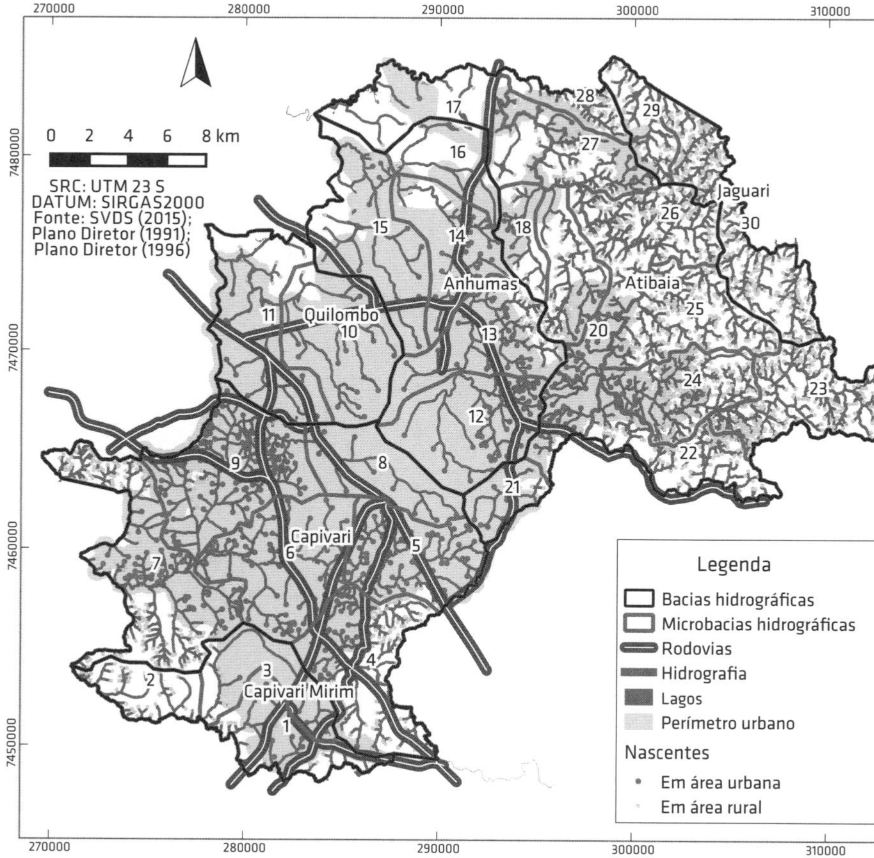

ID	Microbacia
1	do Rio Capivari Mirim
2	do Córrego da Estiva
3	do Ribeirão Viracopos
4	trecho leste do Rio Capivari
5	do Córrego Sete Quedas
6	trecho central do Rio Capivari
7	trecho oeste do Rio Capivari
8	trecho cabeceiras do Córrego Piçarrão
9	trecho foz do Córrego Piçarrão
10	do Córrego da Lagoa/Ribeirão Quilombo
11	do Córrego da Boa Vista/Ribeirão Quilombo
12	do Córrego Proença
13	do Córrego São Quirino/ Ribeirão das Anhumas
14	do Ribeirão das Anhumas
15	do Ribeirão das Pedras
16	do Córrego da Faz. Monte D'Este
17	trecho norte do Rio Atibaia
18	do Córrego do Tanquinho
19	do Córrego da Onça
20	trecho central do Rio Atibaia
21	do Córrego Samambaia
22	trecho Sul do Rio Atibaia
23	trecho 1 do Ribeirão das Cabras
24	trecho 2 do Ribeirão das Cabras
25	do Córrego Faz. das Pedras/Sta. Terezinha/S. Loure
26	do Córrego das Três Pontes
27	do Córrego Cachoeirinha
28	do Córrego Santa Rita do Mato Dentro
29	do Córrego da Fazenda Recreio
30	do Rio Jaguari

Fig. 6.1 *Hidrografia e microbacias hidrográficas do Município de Campinas*
Fonte: adaptado de Campinas (2016).

drenada concentra e absorve interações físicas e biológicas, cujos impactos socioeconômicos podem ser melhor identificados.

Planejar um recurso natural, como a água, necessariamente passa por três temas: (i) elementos e recursos naturais; (ii) demandas do homem e de sua cidade; e (iii) respostas do Poder Público a essas demandas. Esses temas são indissociáveis quando pensamos a cidade; entretanto, cada um tem uma função especial na gestão das águas. Por essa razão, a seguir esses temas são tratados como eixos temáticos, divididos em natural, socioeconômico e institucional.

Eixo natural

O eixo natural é composto pelos aspectos físicos e biológicos que compõem o ecossistema do Município e visa caracterizar a fragilidade e a potencialidade hídrica natural de Campinas.

Entende-se a fragilidade como um conjunto de informações capazes de qualificar o Município em relação às possibilidades de perdas ambientais e, no caso da gestão das águas, indicar aqueles aspectos ambientais que podem expor os recursos hídricos a perdas ou danos ambientais relacionados diretamente à sua qualidade (integridade) e quantidade, como, por exemplo, processos erosivos, assoreamentos, carreamentos, inundações e enchentes. Todos esses aspectos são processos naturais que determinam áreas de risco potencial.

Já as potencialidades são aqueles aspectos naturais capazes de atenuar a fragilidade por meio da proteção do solo e dos recursos hídricos. Assim, as potencialidades naturais são determinadas pela presença de cobertura vegetal, especialmente de vegetação nativa, a qual pode determinar a proteção e a conservação dos solos e atenuar os danos causados pela fragilidade.

Em suma, a fragilidade e a potencialidade hídrica natural foram desenvolvidas por meio da sobreposição de dados geoespaciais (análise multicriterial das camadas da Fig. 6.2) julgados por critérios de decisão.

Eixo socioeconômico

O eixo socioeconômico determina a demanda por água e, portanto, é composto de aspectos sociais, econômicos e demográficos, capazes de aferir a vulnerabilidade e a potencialidade hídrica da cidade (Fig. 6.2). Por vulnerabilidade entende-se as informações que qualificam o

Município quanto à demanda por águas e à sensibilidade a danos ambientais. As demandas socioeconômicas são definidas em função do uso da água e com base nos princípios da sustentabilidade hídrica. Já a sensibilidade a danos ambientais, ou suscetibilidade a riscos, é definida pela possibilidade de exposição da população às áreas de risco, por exemplo, hidráulico, epidemiológico, de erodibilidade etc.

Por sua vez, as potencialidades são as informações capazes de qualificar a cidade quanto à presença de oportunidades de proteção, manejo e conservação de atividades ou usos capazes de fazer a manutenção das águas na cidade.

Eixo institucional

O eixo institucional define a capacidade de resposta e o equacionamento entre a disponibilidade de água e a sua demanda. É composto de parâmetros qualitativos, como leis, acessibilidade à informação, governabilidade, comprometimento do Poder Público com o tema, disponibilidade de recursos materiais, humanos e financeiros e, finalmente, capacidade de gestão (Fig. 6.2).

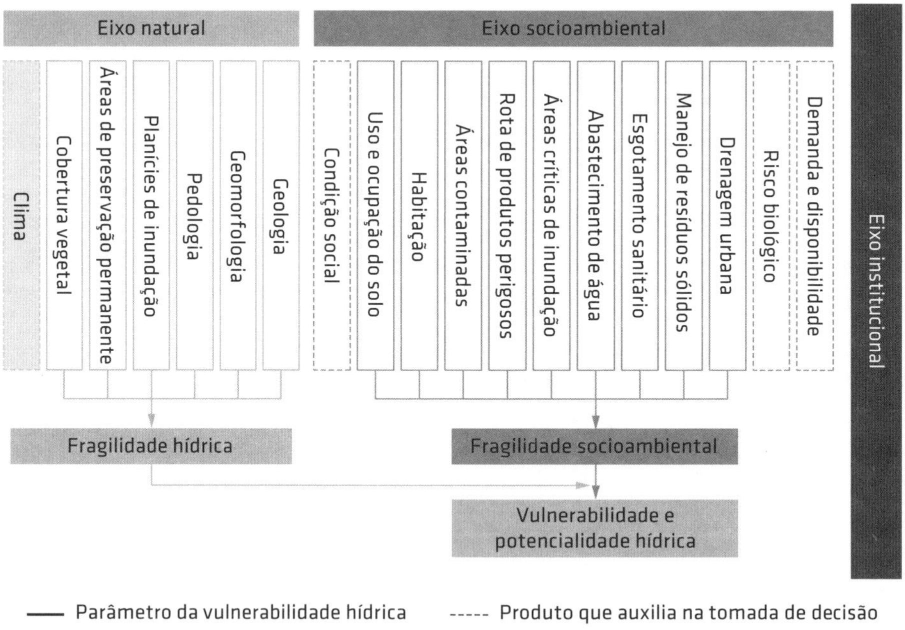

Fig. 6.2 *Eixos temáticos do PMRH com seus diversos parâmetros (camadas)*
Fonte: adaptado de Campinas (2016).

Esse é um tema articulador e com alta capilaridade, que permeia os demais eixos, o natural e o socioeconômico, principalmente como um promotor de potencialidades. As atuações administrativas e legais na gestão das águas criam oportunidades de manejo, proteção ou recuperação dos solos e da vegetação.

Conforme apresentado, o diagnóstico do PMRH foi construído com uma série de dados quanti-qualitativos que caracterizou o meio social, físico e ecológico do território de Campinas, dando-lhe uma condição de análise multicriterial sobre os recursos hídricos. Como principais produtos desse volume, destaca-se a elaboração de mais de 60 mapas, além do desenvolvimento de sete indicadores de recursos hídricos, conforme ilustrado na Fig. 6.3.

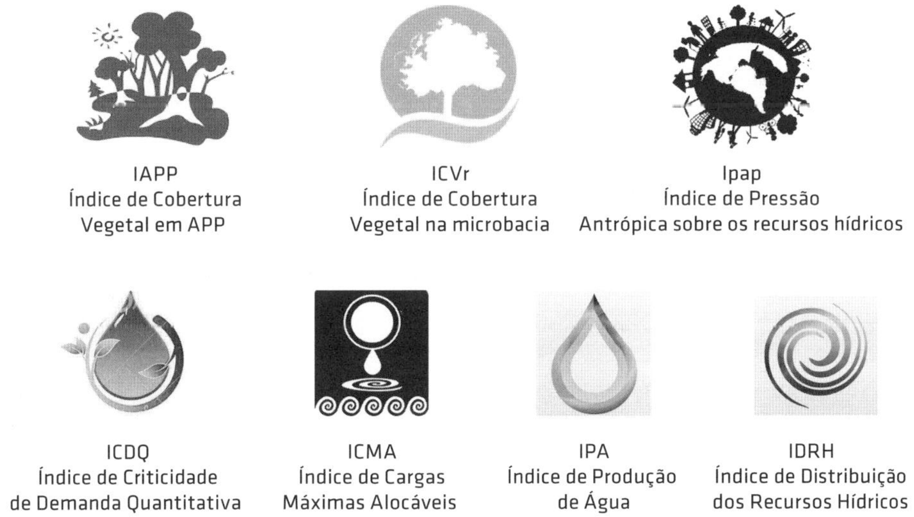

Fig. 6.3 *Indicadores do PMRH de Campinas*
Fonte: adaptado de Campinas (2016).

b) Prognóstico: elaboração de cenários

Diante da complexidade da análise multicriterial e da dificuldade em gerar um mapa-síntese que priorize ações por microbacia, optou-se por aplicar um método de avaliação estratégica conhecido por SWOT (*strengths, weaknesses, opportunities and threats*), para a consolidação do diagnóstico e a elaboração de cenários. Esse método levou em consideração os sete indicadores de recursos hídricos (Fig. 6.3) levantados na fase diagnóstica.

O método SWOT foi usado para caracterizar as forças e as fraquezas do ambiente interno, bem como as oportunidades e as ameaças para o ambiente externo, para cada uma das 30 microbacias de Campinas, em virtude de sua capacidade de:

- sintetizar as análises dos ambientes internos e externos, em termos gerenciais, para situações em que se há gerência ou não sobre a situação ou conflito identificado;
- destacar parâmetros-chave para a conclusão da análise, o que possibilita o estabelecimento de prioridades de ação;
- reconhecer ações emergenciais ou estratégicas para as quais há condicionantes associados, que podem levar a entraves ou ao não êxito no desempenho da ação direcionada;
- reconhecer e fortalecer os aspectos positivos de cada microbacia, reduzir os impactos ou anular os efeitos provocados pelos pontos negativos nas situações em que a gestão municipal tem capacidade de gerir;
- identificar as possibilidades de crescimento, potencializando as oportunidades e alertando sobre as ameaças anunciadas.

Nesse contexto, o ambiente interno é caracterizado como aquilo que pode ser controlado, obtido ou executado, por meio do Plano Municipal de Recursos Hídricos, via Prefeitura Municipal de Campinas, uma vez que resulta das estratégias de atuação definidas pelo GT-PMRH. Fazer gestão sobre as principais forças (*strengths*) e fraquezas (*weaknesses*) que potencializam ou interferem na qualidade, quantidade e disponibilidade dos recursos hídricos tem o objetivo de melhorar a condição de regulação desses recursos, de tal maneira que seus diversos usos possam ocorrer de forma equilibrada e equitativa.

Considerando os sete indicadores levantados no diagnóstico, a análise SWOT sobre o ambiente interno se pautou em três deles:

- Índice de Cobertura de Vegetação na microbacia (ICVr);
- Índice de Cobertura de Vegetação em Áreas de Preservação Permanente (IAPP);
- Índice de Pressão (IPpa), dado pela razão entre as variáveis antrópicas que pressionam e influenciam os recursos hídricos e a oferta em qualidade e quantidade de água, limitadas por sua fragilidade natural e, por fim, minimizadas pela existência de áreas verdes.

Já o ambiente externo é reconhecido por todas as situações que fogem da competência gerencial do Município. Ainda que não haja essa capacidade gerencial, o executivo deve conhecê-la e monitorá-la frequentemente de forma a aproveitar as oportunidades (*opportunities*) e evitar as ameaças (*threats*). Evitar ameaças nem sempre é possível; no entanto, pode-se fazer um planejamento para enfrentá-las, minimizando seus efeitos. Reconhecer e gerir as oportunidades e ameaças sobre os recursos hídricos do Município pode favorecer o bom desempenho das ações municipais, o que reflete em uma maior confiabilidade e confiança nos processos, na obtenção de informação imediata de apoio à gestão e na otimização das tomadas de decisões estratégicas.

A análise sobre o ambiente externo foi composta pelos quatro indicadores restantes:

- Índice de Produção de Água (IPA), o qual correlaciona dados fisiográficos das microbacias em estudo, como a densidade de nascentes, a ordem da bacia e a densidade de drenagem, a fim de indicar quais microbacias são prioritárias para a produção de água, sob seus aspectos naturais;
- Índice de Distribuição dos Recursos Hídricos (IDRH), o qual correlaciona a densidade de drenagem, a densidade de nascentes e a ordem da bacia, a fim de indicar quais microbacias apresentam seus sistemas de drenagem mais frágeis, sob seus aspectos naturais;
- Índice de Criticidade às Demandas Quantitativas (ICDQ), que aponta quais microbacias se encontram mais pressionadas pela relação entre captações e lançamentos outorgados dentro das microbacias de Campinas;
- Índice de Cargas Máximas Alocáveis (ICMA), o qual correlaciona as cargas-meta para cada microbacia – baseadas no enquadramento dos cursos d'água principais e suas vazões mínimas – e as cargas dos lançamentos totais outorgados, e indica quais microbacias se encontram mais distantes de atender aos limites de suas classes.

Por fim, a análise se complementa com o uso de uma matriz, na qual para cada indicador usado foi atribuído um valor de ponderação, de forma a ressaltar o impacto que os parâmetros usados na construção do índice têm no processo e sua tendência futura. O resultado dessa análise é a obtenção do cenário real, dado pela combinação das variáveis predominantes, no ambiente interno e externo (Fig. 6.4).

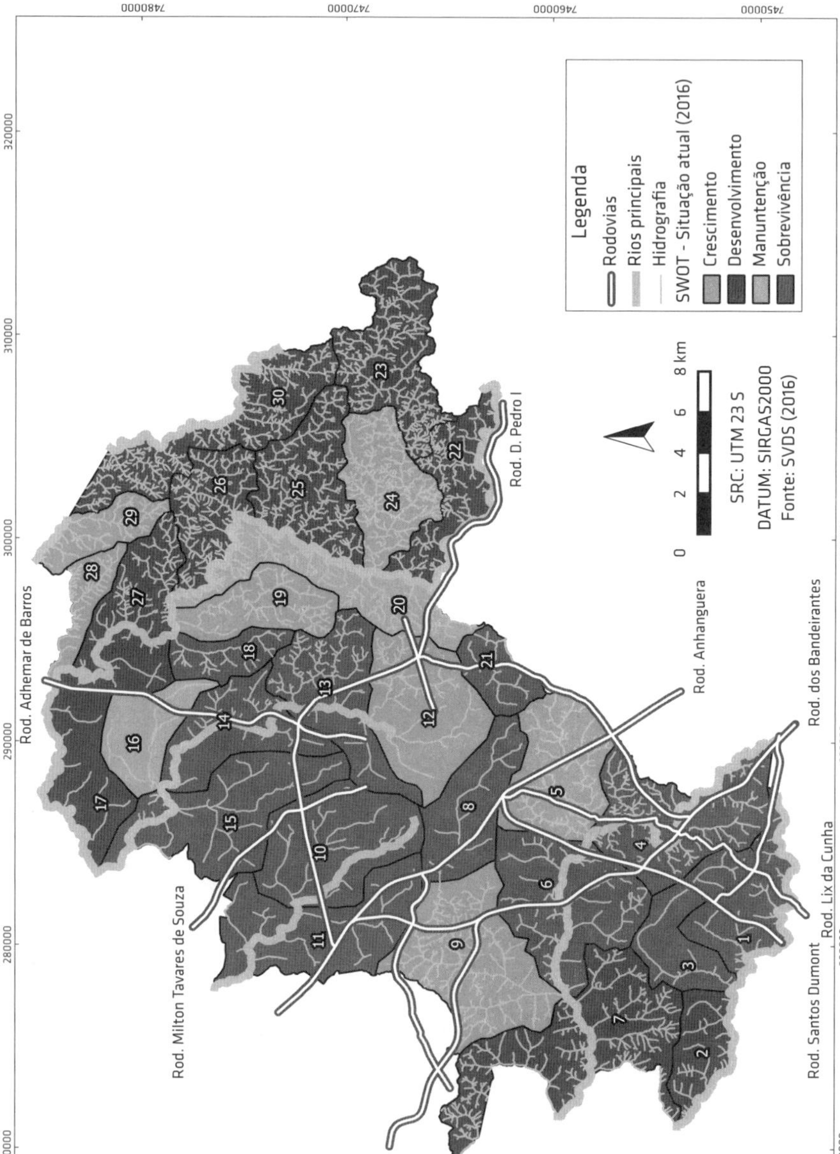

Fig. 6.4 *Cenário real: situação em 2016 para cada microbacia*
Fonte: Campinas (2016).

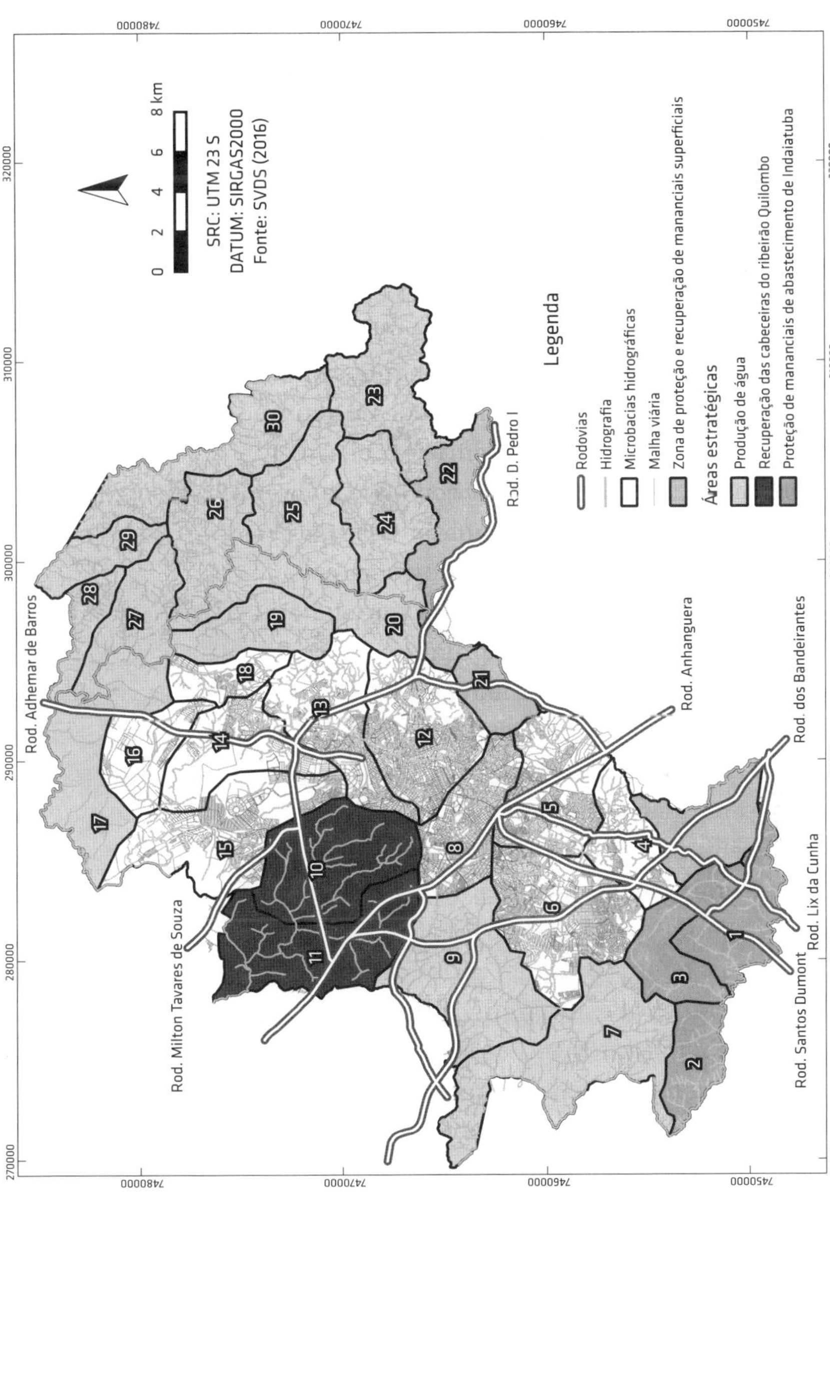

Fig. 6.5 *Áreas estratégicas para a gestão dos recursos hídricos*
Fonte: Campinas (2016).

c) Programas, ações e áreas estratégicas

Essa etapa sintetizou os resultados técnicos do diagnóstico e prognóstico para criação das áreas estratégicas para a gestão dos recursos hídricos (Fig. 6.5), as quais são prioritárias para o desenvolvimento dos sete programas e ações propostos no PMRH de Campinas (Fig. 6.6).

As áreas estratégicas têm como principal objetivo destacar dentro do território municipal de Campinas aquelas microbacias que, geridas adequadamente, contribuirão de forma prioritária para a promoção da gestão dos recursos hídricos. Assim, as áreas estratégicas foram agrupadas conforme os seguintes critérios:

- zona de proteção e recuperação de mananciais superficiais (ZPRM);
- produção de água;
- proteção das cabeceiras do ribeirão Quilombo;
- proteção de mananciais de abastecimento de Indaiatuba.

A Fig. 6.6 apresenta os programas estabelecidos no Plano Municipal de Recursos Hídricos (PMRH) visando alcançar o maior objetivo do plano, que é "assegurar a quantidade e a qualidade das águas, valorizando as potencialidades e reduzindo a vulnerabilidade hídrica no Município de Campinas" (Campinas, 2016). Esses programas deverão ser desenvolvidos ao longo do horizonte de dez anos definido pelo PMRH.

Do planejamento à gestão: a atual situação de implementação do PMRH em Campinas

O PMRH de Campinas foi elaborado durante o período de junho de 2014 a junho de 2016, sob a coordenação da SVDS e com a participação de mais de dez pastas e autarquias municipais, incluindo a colaboração de mais de 60 técnicos da Prefeitura de Campinas.

Ao longo desses dois anos, foram desenvolvidas diversas ações, elencadas a seguir, que contribuíram com a efetiva conclusão do referido plano:

- Divisão do Município em 30 microbacias (unidades de planejamento para gestão de recursos hídricos).
- Levantamento (diagnóstico) ambiental detalhado, produzindo 61 mapas e 30 fichas-síntese, uma para cada microbacia.
- Estabelecimento de sete indicadores de gestão direta e indireta para acompanhamento das melhorias na qualidade e na quantidade dos recursos hídricos de Campinas.

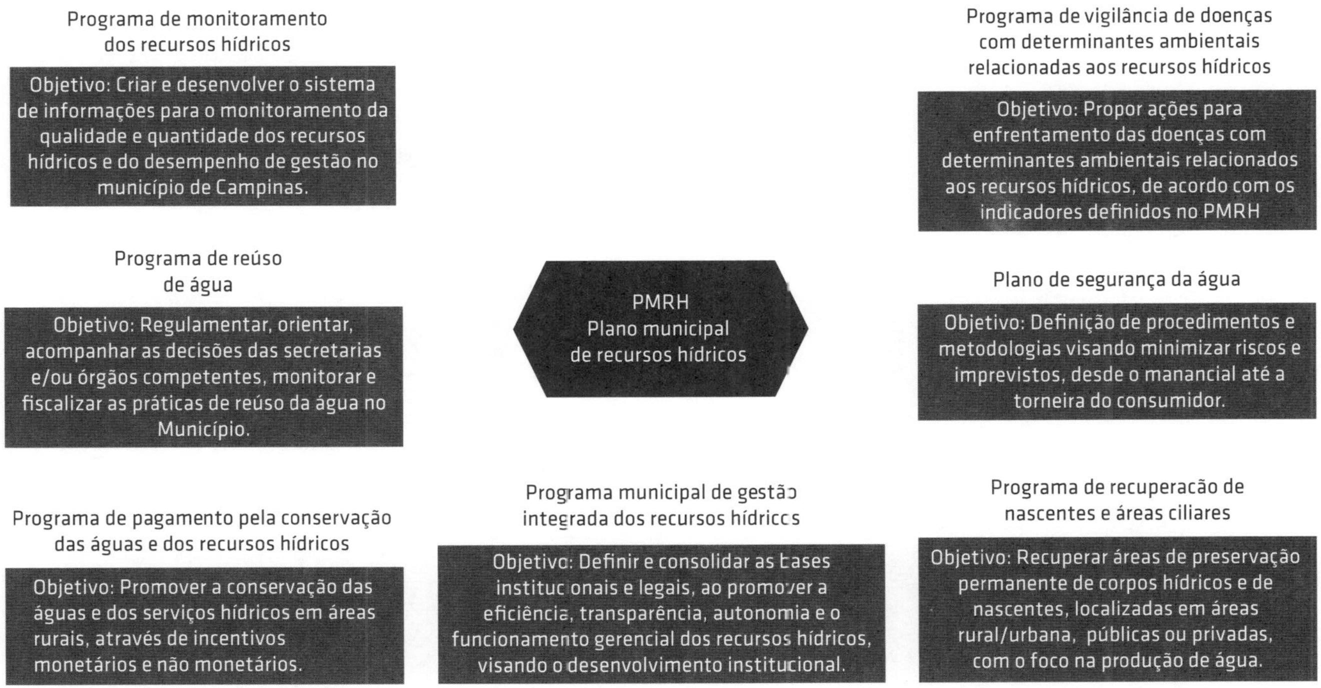

Fig. 6.6 *Programas e ações do PMRH de Campinas*
Fonte: adaptado de Campinas (2016).

- Elaboração de três cenários estratégicos (um atual e dois futuros) para a gestão de recursos hídricos de Campinas, em um horizonte de dez anos (2025), resultado da ponderação dos indicadores supracitados.
- Estabelecimento de uma metodologia de avaliação estratégica (SWOT) para caracterização das 30 microbacias estudadas e acompanhamento dos indicadores propostos, com as seguintes classificações:
  - ◇ *Desenvolvimento*: forças + oportunidades ou baixa vulnerabilidade + alta potencialidade. Recomenda-se obter o melhor benefício dos pontos fortes para aproveitar ao máximo as oportunidades detectadas.
  - ◇ *Crescimento*: fraquezas + oportunidades ou alta vulnerabilidade + alta potencialidade. Recomenda-se desenvolver estratégias que minimizem os efeitos negativos dos pontos fracos e concomitantemente aproveitem as oportunidades detectadas.
  - ◇ *Manutenção*: forças + ameaças ou baixa vulnerabilidade + pouca potencialidade. Recomenda-se obter o melhor benefício dos pontos fortes para minimizar os efeitos das ameaças detectadas.
  - ◇ *Sobrevivência*: fraquezas + ameaças ou alta vulnerabilidade + pouca potencialidade. Recomenda-se adotar estratégias que minimizem ou ultrapassem os pontos fracos e, tanto quanto possível, enfrentem as ameaças.
- Estabelecimento de quatro áreas estratégicas para priorização de ações de conservação e recuperação dos recursos hídricos, envolvendo 21 microbacias.
- Implantação de sete programas de gestão/conservação/recuperação de recursos hídricos, visando a melhoria da sua qualidade e quantidade em Campinas e priorizando as quatro áreas estratégicas.

Conforme já abordado, o Plano Municipal de Recursos Hídricos (Campinas, 2016) apresentou cenários futuros, considerando os indicadores supracitados. Como pode ser observado na Fig. 6.7, os programas propostos no PMRH não serão suficientes para que as 30 microbacias de Campinas até 2025 sejam enquadradas satisfatoriamente nas categorias de desenvolvimento ou, pelo menos, de crescimento. Isso pode ser explicado tanto pelos indicadores do ambiente externo (sem gerência da Prefeitura de Campinas)

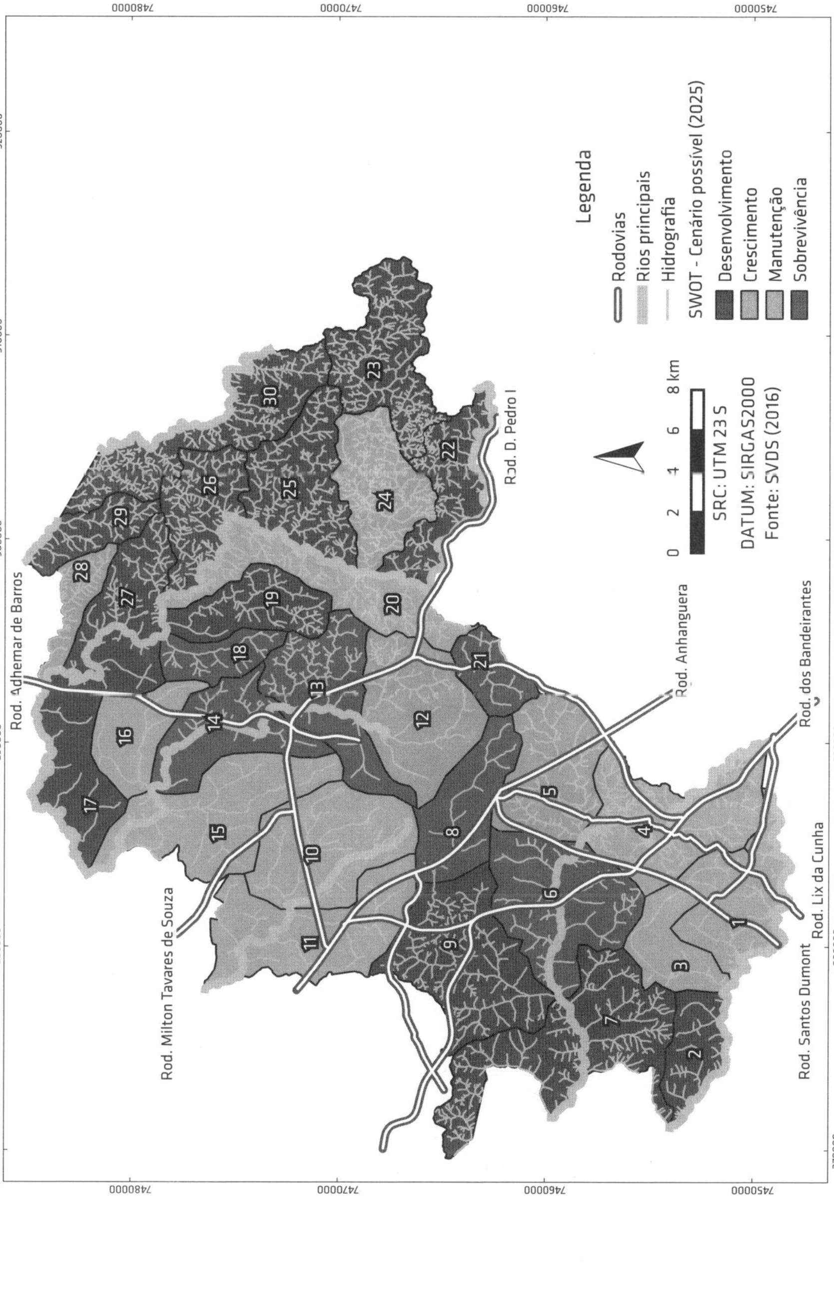

Fig. 6.7 *Cenário possível: situação em 2025 para cada microbacia*
Fonte: adaptado de Campinas (2016).

envolvidos na simulação dos cenários quanto pela interdependência dos recursos hídricos em relação às demais áreas, com destaque para o uso e a ocupação do solo no Município.

Quanto aos avanços e resultados de gestão obtidos nesses dois primeiros anos de vigência do PMRH de Campinas, destaca-se o Programa de Pagamento pela Conservação das Águas e dos Recursos Hídricos (PSA Água), considerado elemento-chave na gestão dos recursos hídricos, pois, além de integrar outros programas do PMRH, como o de recuperação de nascentes e áreas ciliares (PReNAC) e o monitoramento dos recursos hídricos, também envolve ações do Programa de Recuperação de Áreas Degradadas do Plano Municipal do Verde e do Programa de Saneamento Rural Sustentável do Plano Municipal de Saneamento Básico.

Nesse contexto, a SVDS, por meio do Conselho Diretor do PSA (CDPSA), responsável pelo planejamento e gestão do PSA em Campinas, desenvolveu todo o arcabouço legal para a implementação do programa, que resultou no Edital SVDS nº 01/2017 de Habilitação de Proprietários Rurais no PSA Água, publicado no dia 18 de agosto de 2017.

Esse edital priorizou a habilitação das propriedades rurais situadas em ZPRMs instituídas pelo PMRH, visando contribuir com a qualidade e a quantidade dos recursos hídricos nas áreas montantes às captações de água para abastecimento público de Campinas. Essas propriedades devem implementar ações de conservação e restauração de áreas de vegetação nativa, prioritariamente em APPs, definidas pela Lei Federal nº 12.651, de 25 de maio de 2012, além de ações de saneamento e conservação de solo.

Atualmente, existem seis propriedades cadastradas no PSA Água, das quais duas já estão habilitadas, estando inclusive aptas a receber os incentivos monetários, que podem chegar a 250 UFICs (unidade fiscal de Campinas) por hectare ao ano, com teto de 20 hectares por propriedade.

Outro avanço do PSA Água, essencial na integração com os demais programas e ações, foi a regulamentação dos incentivos não monetários, fomentado pela SVDS. A seguir estão apresentados os referidos incentivos implementados até o presente momento:

- Convênio de cooperação técnica com a Embrapa Instrumentação de São Carlos (SP), visando ampliar e fortalecer as ações de transferência de tecnologias sociais destinadas ao saneamento básico rural.
- Adequação do esgotamento sanitário de 157 residências de 78 propriedades rurais, por meio da doação de 103 fossas sépticas biodigestoras, 54 biodigestores comerciais e dez jardins filtrantes.

- Realização de quatro oficinas (dias de campo) visando a capacitação das famílias contempladas com a doação dos sistemas de tratamento de esgoto.
- Capacitação de 80 produtores rurais.
- Plantação de 9.300 mudas em APPs das ZPRMs, por meio do banco de áreas verdes da SVDS.
- Inclusão de 14 pontos de monitoramento superficial dos recursos hídricos na ZPRM do rio Capivari e Atibaia, que são parâmetros para o cálculo do índice de qualidade das águas (IQA) da Cetesb, visando a análise dos resultados da implantação do PSA Água durante os seus quatro anos de vigência.

6.2.4 PMRH de Piracicaba (SP)

O Serviço Municipal de Água e Esgoto do Município de Piracicaba (SEMAE), por meio de licitação, contratou em 2010 a empresa Irrigart – Engenharia e Consultoria em Recursos Hídricos e Meio Ambiente Ltda. para a elaboração de seu Plano Municipal de Recursos Hídricos, previsto na Lei Complementar n° 212, de 12 de dezembro de 2007, que trata da Política Municipal de Gestão de Recursos Hídricos. O Município de Piracicaba possui área territorial de 1.369,51 km², sendo o 13° maior Município entre os 645 Municípios do Estado de São Paulo. Sua população em 2010 foi estimada em 377.071 habitantes, apresentando uma densidade demográfica de 275,33 habitantes/km², com taxa de urbanização de 97% (Irrigart, 2010).

a) Diagnóstico

Dividido em três volumes, o primeiro relatório caracteriza os aspectos socioeconômicos e ambientais, culminando na elaboração de 12 mapas diversos, apresentados no segundo volume.

Já o terceiro volume trata da análise e do diagnóstico dos recursos hídricos do Município de Piracicaba, que, além de dividir o Município em 37 microbacias hidrográficas, caracterizou:

- aproximadamente 2.900 km lineares de cursos d'água;
- cerca de 5.665 nascentes (4,11 nascentes por km²);
- aproximadamente 21.000 ha de APP.

Segundo Irrigart (2010), o intenso uso das terras, nos moldes da agricultura atual, e a urbanização das bacias hidrográficas, com ocupação nas planícies de inundações, trouxeram às bacias do Município grandes problemas ambientais, relacionados a seguir:

- Desmatamento da região para a produção agropecuária (cana e pecuária), ocasionando o baixo índice de cobertura florestal.
- Erosão, por sulcos e voçorocas na área, devida à superutilização da terra, ao manejo inadequado e à não utilização de práticas conservacionistas, com consequente perda de solo fértil e assoreamento dos corpos d'água.
- Inundações dos trechos urbanizados dos mananciais, com destaque para o córrego Itapeva e o ribeirão Piracicamirim.

b) Prognóstico: elaboração de cenários

Assim como no PMRH de Camanducaia (MG), em Piracicaba também se adotou a hierarquização das microbacias, com a mesma metodologia (parâmetros e pesos), classificando as sete melhores e as sete piores microbacias, que foram mais bem detalhadas, e embasando a elaboração de cenários de inundação.

Com o objetivo de melhorar as sete bacias mais críticas, elaborou-se o Plano de Metas e Ações (programas), dividido em:

- *curto prazo*: metas a serem alcançadas até 2012;
- *médio prazo*: metas a serem alcançadas até 2016;
- *longo prazo*: ações a serem desenvolvidas após o ano de 2016.

c) Programas e ações

Os programas do PMRH de Piracicaba compreendem as propostas de intervenções preventivas e corretivas que visam minimizar os principais problemas identificados no Município de Piracicaba.

A Tab. 6.3 apresenta uma síntese dos programas a serem desenvolvidos para que no futuro se possam alcançar melhorias necessárias nas bacias hidrográficas de Piracicaba, como o aprimoramento da qualidade e da disponibilidade hídrica superficial dos principais cursos de água e a eliminação das enchentes de verão nos cursos d'água mais urbanizados.

Tab. 6.3 Proposição de programas do PMRH de Piracicaba (SP)

Programas		Custo estimado total no período indicado (R$)	Horizonte projetado	Desenvolvimento/coordenação
P.1	Programa de monitoramento e avaliação da qualidade das águas superficiais nas bacias hidrográficas do Município	369.000,00	Curto	Serviço Municipal de Água e Esgoto (Semae)
P.2	Programas de comunicação com a população (relatórios e *folders* de divulgação)	178.000,00	Curto/médio	Serviço Municipal de Água e Esgoto (Semae) Prefeitura Municipal Secretaria Municipal de Agricultura e Abastecimento (Sema)/Secretaria Municipal de Trânsito e Transporte (Semuttran)
P.3	Integração com outros planos de desenvolvimento (elaboração de legislação e atualização do Plano Diretor quanto aos recursos hídricos)	–	Curto	Prefeitura Municipal
P.4	Recuperação de nascentes e APPs (implantação de programa conservador de águas (PSA) e aumento da disponibilidade de mudas nativas para reflorestamento)	505.000,00	Curto	Secretaria Municipal de Defesa do Meio Ambiente (Sedema) Serviço Municipal de Água e Esgoto (Semae)
P.5	Projetos e obras de drenagem (projetos e obras para combate a enchentes nas microbacias priorizadas)	750.000,00	Curto/médio	Secretaria Municipal de Obras (Semob) Prefeitura Municipal
P.6	Esgotamento sanitário (100% de coleta de esgotos na área urbana)	5.571.392,00	Curto/médio	Serviço Municipal de Água e Esgoto (Semae)

Tab. 6.3 (continuação)

Programas		Custo estimado total no período indicado (R$)	Horizonte projetado	Desenvolvimento/coordenação
P.7	Controle de poluição difusa nas áreas urbanas (limpeza de bueiros e bocas de lobo nas microbacias priorizadas)	–	Curto	Prefeitura Municipal
P.8	Monitoramentos (relatório de situação dos recursos hídricos do Município de Piracicaba; revisão do PMRH de Piracicaba; compra de imagens de satélite ou ortofotos)	270.000,00	Curto	Serviço Municipal de Água e Esgoto (Semae) Prefeitura Municipal
P.9	Combate à erosão e ao assoreamento (manutenção das estradas rurais)	–	Curto/ médio/ longo	Secretaria Municipal de Agricultura e Abastecimento (Sema)
P.10	Educação ambiental	–	Curto	Secretaria Municipal de Agricultura e Abastecimento (Sema) Serviço Municipal de Água e Esgoto (Semae) Secretaria Municipal de Educação (Semec) Secretaria Municipal de Defesa do Meio Ambiente (Sedema)
P.11	Coordenação institucional (manter um arquivo documental com todos os planos e informações georreferenciadas)	–	Curto	Serviço Municipal de Água e Esgoto (Semae)

Fonte: Irrigart (2010).

Do planejamento à gestão: a atual situação de implementação do PMRH em Piracicaba

Entre as implementações realizadas no Município de Piracicaba por meio de seu PMRH, elaborado em 2010 e considerado o pioneiro das bacias PCJ, pode-se destacar:

- A elaboração de prioridades de intervenção nos cursos de água, classificados como as piores microbacias.
- A elaboração de um banco de dados georreferenciado sobre os recursos hídricos para compor o Sistema Municipal de Informações Ambientais (SMIA).
- A confecção do mapa de riscos de inundação e enchentes nas microbacias prioritárias.
- A confecção do mapa de fragilidade ambiental do Município de Piracicaba.
- A confecção do mapa de uso do solo urbano e rural.
- A confecção do mapa de proteção das áreas de mananciais.

Como resultado efetivo após o plano, pode-se destacar o Programa Conservador de Águas, que estabeleceu o incentivo a produtores rurais por meio do Programa de Pagamento por Serviços Ambientais (PSA), visando atenuar os principais problemas identificados no diagnóstico e consequentemente melhorar a qualidade e a disponibilidade hídrica de Piracicaba, além de contribuir com o controle de cheias nas áreas situadas à jusante das bacias por meio de ações implementadas pelo programa.

O lançamento do Programa Municipal de Pagamento por Serviços Ambientais de Piracicaba ocorreu em 2017, com a publicação do Decreto Municipal nº 17.218, de 19 de setembro de 2017, que regulamentou a Lei Municipal nº 8.013/2014, a qual autoriza o Município de Piracicaba a instituir o Programa Municipal de PSA aos projetos de proprietários rurais.

6.3 Considerações finais

Os Municípios podem e devem se planejar e implementar ações para a proteção da água, que é um dos recursos ambientais fundamentais não só para a vida dos seres, mas também para o desenvolvimento das atividades antrópicas civilizatórias.

A elaboração de uma política e um plano de recursos hídricos consiste em um primeiro passo para a proteção das águas. Como a temática dos recursos hídricos é bem abrangente, torna-se possível, também, conjugar as ações e os programas previstos no plano elaborado a demais planos de caráter local e metropolitano, como, por exemplo: o de habitação, em relação às ações de regularização de ocupações irregulares; o de saneamento básico, em relação às ações de coleta e tratamento de esgotos, drenagem urbana e manejo dos resíduos sólidos; o de áreas verdes, em relação à implantação dos parques lineares e à recuperação de áreas degradadas; o de educação ambiental, em relação à sensibilização e mobilização dos atores envolvidos na gestão dos recursos hídricos; o urbanístico, a exemplo do Plano Diretor do Município, dada a relação necessária entre a proteção dos recursos hídricos e a ocupação do território municipal; e, por fim, o Plano de Desenvolvimento Urbano Integrado das Regiões Metropolitanas, em vista do caráter transfronteiriço dos recursos hídricos.

Referências bibliográficas

ANA – AGÊNCIA NACIONAL DE ÁGUAS. *Conjuntura dos recursos hídricos no Brasil 2017*: relatório pleno. Brasília: ANA, 2017.

BARROS, M. T. L. Gestão de recursos hídricos. In: PHILIPPI JUNIOR, A.; ALVES, A. C. (Ed.). *Curso interdisciplinar de direito ambiental*. Barueri: Manole, 2005. p. 811-861.

CAMPINAS. Prefeitura Municipal. Secretaria Municipal do Verde, Meio Ambiente e do Desenvolvimento Sustentável. *Plano Municipal de Recursos Hídricos*. 2. ed. Campinas: SVDS, 2016. Disponível em: <http://campinas.sp.gov.br/governo/meio-ambiente/plano-hidricos.php>. Acesso em: 12 dez. 2017.

CHAGAS, M. F. *Definição dos limites de abrangência do escopo do Plano Nacional de Recursos Hídricos*: anexos da ata da 37ª Reunião da Câmara Técnica do Plano Nacional de Recursos Hídricos. Brasília: SRH/MMA, 2005.

COBRAPE – COMPANHIA BRASILEIRA DE PROJETOS E EMPREENDIMENTOS. *Plano das bacias hidrográficas dos rios Piracicaba, Capivari e Jundiaí 2010 a 2020*: relatório-síntese. São Paulo: Neoband Soluções Gráficas, 2011. 128 p. Disponível em: <http://issuu.com/pcjdigital/docs/pcj_readequado_2013?e=6318376/1186601>. Acesso em: 10 set. 2018.

HENKES, S. L. Histórico legal e institucional dos recursos hídricos no Brasil. *Jus Navigandi*, Teresina, v. 8, n. 66, jun./2003. Disponível em: <http://jus.com.br/artigos/4146>. Acesso em: 10 jan. 2018.

HESPANHOL, I. Água e saneamento básico. In: *Água doce no Brasil*: capital ecológico, uso e conservação. 3. ed. São Paulo: Escrituras, 2006.

IRRIGART – ENGENHARIA E CONSULTORIA EM RECURSOS HÍDRICOS E MEIO AMBIENTE. *Plano Municipal de Gestão dos Recursos Hídricos do Município de Piracicaba/SP*. Relatórios 1-4. Piracicaba, 2010.

IRRIGART – ENGENHARIA E CONSULTORIA EM RECURSOS HÍDRICOS E MEIO AMBIENTE. *Plano Municipal de Recursos Hídricos do Município de Camanducaia*. Relatório Final. Piracicaba, 2013. Disponível em: <http://www.agenciapcj.org.br/docs/pmrh/pmrh-camanducaia.pdf>. Acesso em: 10 set. 2018.

LÉO, E. C. *Os planos de recursos hídricos e suas influências sobre as práticas de gestão nos comitês de bacias*: um estudo de caso nas bacias hidrográficas dos rios Piracicaba, Capivari e Jundiaí. Dissertação de Mestrado aplicado ao Centro de Energia Nuclear na Agricultura da Escola Superior de Agricultura "Luiz de Queiroz". Piracicaba, 2014. Disponível em: <http://www.teses.usp.br>. Acesso em: 10 set. 2018.

MIRANDA, G. M. *Indicadores do potencial de gestão de recursos hídricos*. Dissertação de Mestrado aplicada ao Instituto de Geociências e Ciências Exatas da Universidade Estadual Paulista Júlio de Mesquita Filho. Rio Claro (SP), 2012.

PEREIRA, E. M. *Análise de conflitos pelo uso da água relacionados à oferta e à demanda*: Bacia do Rio Piracicaba (MG). Dissertação de Mestrado em Análise e Modelagem de Sistemas Ambientais – Universidade Federal de Minas Gerais, Instituto de Geociências, 2012. Disponível em: <http://www.bibliotecadigital.ufmg.br>. Acesso em: 3 set. 2018.

SANTOS, A. S. R. Valoração econômica e jurídica da água. *Boletim de Direito Municipal*, São Paulo, v. 19, n. 5, p. 325-328, maio 2003. Disponível em: <http://www.ndj.com.br/ndj/pdf/BDM32503D.pdf>. Acesso em: 5 fev. 2018.

SANTOS, R. F. *Planejamento ambiental*: teoria e prática. São Paulo: Oficina de Textos, 2004.

SETTI, A. A. et al. *Introdução ao gerenciamento de recursos hídricos*. 2. ed. Brasília: Agência Nacional de Energia Elétrica, 2001.

7 Gestão da fauna e políticas públicas de proteção e bem-estar animal

Paulo Anselmo Nunes Felippe

O *Homo sapiens*, enquanto uma das espécies mais recentes do planeta (de 130.000 a 200.000 anos de existência), traz no DNA de suas células a história de sua evolução e, consequentemente, de muitos relacionamentos interespecíficos. A título de exemplo, o estudo das infecções retrovirais (vírus que incorporam seu genoma à célula hospedeira – cerca de 5% do genoma humano) em primatas não humanos e também o estudo das sequências de DNA mitocondrial (da mitocôndria, o provável protozoário que conferiu vantagem às células eucariotas) são capazes de contar a história evolutiva de toda a ordem Primatas, à qual os seres humanos pertencem (Tristen, 2000; Lander et al., 2001; Belshaw et al., 2005; Dewannieux; Heidmann, 2013; Peng et al., 2018).

Assim sendo, podem-se observar em nossa espécie sequências gênicas de outros hominídeos (até 4% do genoma do homem atual é semelhante ao do homem de neandertal, por exemplo), que, segundo uma entre várias teorias, foram responsáveis pela adaptação de nossa espécie, surgida na África, aos continentes europeu e asiático (Wong, 2009). Outrossim, de forma até então desconhecida na história da evolução das espécies, a domesticação de diferentes animais auxiliou na organização de nossos ancestrais em cidades, pois, por meio da utilização de diversas espécies distintas, foi possível compensar as desvantagens físicas e adaptativas do homem em relação ao planeta. No decorrer dos séculos, essas diferentes espécies de animais foram sendo selecionadas para servir ao homem. Dessa forma, pode-se contar a história da humanidade através do seu relacionamento com outras espécies animais existentes no planeta (Neves; Junior; Murrieta, 2015). Por exemplo, o cavalo, animal aparentado dos tapires (anta) cujo ancestral surgiu na América do Norte há cerca de 55 milhões de anos, chegou à Ásia por meio do estreito de Bering (uma das teorias mais aceitas) e foi domesticado há cerca de 5.000 anos nesse continente, tendo sido extinto na América do Norte devido, provavelmente, às pressões de caça. Indiscutivelmente, esse animal foi fundamental para a formação dos grandes impérios relatados nos livros da história, que dependeram dos equídeos não só como instrumento de batalha, mas principalmente como meio de comunicação. Esse fato faz com que alguns autores defendam que os impérios da Ásia e da Europa tiveram grandes territórios em comparação aos americanos pré-colombianos, que possuíam territórios menores e teriam sido subjugados pelos espanhóis pela "força" dos cavalos (Stephen, 2005; Warmuth, 2011).

7.1 Domesticação dos animais

Estudos moleculares de coevolução, produzidos em um passado recente, solucionaram algumas questões que percorreram os séculos, como, por exemplo, a questão das relações que o ser humano estabeleceu com o mundo biótico do planeta, principalmente com aquelas espécies animais que foram posteriormente domesticadas pelo homem.

Nesse cenário, as discussões acerca da relação que as espécies de hominídeos do gênero *Homo* tiveram com o *Canis lupus* (lobo-cinzento) são algumas das mais prolíferas. O "estado da arte" atual considera certa a assertiva de que o cão doméstico (*Canis lupus familiaris*) tenha se originado do lobo-cinzento, porém a discussão ainda reside no "quando" essa espécie teria surgido e na possibilidade de esse processo ter sido tão antigo quanto o próprio surgimento do homem moderno. Segundo Vilà, Maldonado e Wayne (1999), o cão doméstico tornou-se geneticamente distinto do lobo-cinzento há 135.000 anos, o que corresponde aos primeiros registros fósseis da existência do *Homo sapiens*. Em contraponto, Savolainen et al. (2002) defendem que o cão doméstico começa a apresentar diferenças morfológicas significativas em relação ao lobo-cinzento nos últimos 15.000 anos.

Um grande estudo genético realizado por Gray et al. (2010) envolvendo o gene IGF1, que é responsável pelo tamanho do esqueleto nos canídeos, corrobora a ideia de que o cão doméstico teria surgido há cerca de 100.000 anos e situa o processo de domesticação da espécie no Oriente Médio. No entanto, esse processo teria sido lento: inicialmente, teria se estabelecido uma relação de simbiose (mutualismo) entre os lobos e o homem, com a divisão dos esforços de caça e dos seus frutos; posteriormente, há cerca de 10.000 a 15.000 anos, o cão de fato teria sido domesticado, o que explicaria a grande variação fenotípica da espécie atualmente, causada pelo início de um processo de seleção artificial (Vilà; Maldonado; Wayne, 1999).

Os períodos estimados para a domesticação dos cães e dos gatos (no caso dos gatos, há 9.500 anos na China central) (Vigne et al., 2004), de certa forma, coincidem com os dos animais de utilidade (produção e transporte), segundo os quais as ovelhas e cabras, originárias do Oriente Médio e Ásia, teriam sido domesticadas há 10.000 anos; os bovinos, entre 8.000 e 10.000 anos atrás; os suínos, originados na Ásia, na região da China, há 9.000 anos; os muares do noroeste da África, há 6.000 anos; o cavalo da Ásia central, há 5.000 anos; e, por fim, os búfalos do sudoeste da Ásia, há 5.000 anos. Coincidentemente, os tempos estimados para o início da domesticação das espécies são semelhantes aos da organização da espécie humana em cidades nas regiões do crescente fértil (Oriente Médio) e do rio Amarelo (Ásia), o que mostra a importância da domesticação de espécies de animais e vegetais no estabelecimento do *Homo sapiens*, até então nômade, caçador e coletor, em urbes (Simm et al., 1996; Murphey; Ruiz-Miranda, 1998; Price, 1999; Bruford; Bradley; Luikart, 2003).

7.2 Animais no contexto das diferentes fases da história da humanidade

O início do período conhecido como Idade Antiga, que é marcado pelo surgimento da escrita, deixou documentos que nos mostram a importância dos animais para as civilizações da antiguidade, como, por exemplo, o Papyrus de Khaoun, encontrado no Egito há cerca de 4.000 anos e que incluía aspectos relacionados à arte de curar animais. Outros exemplos são o mapa de acupuntura animal de Ma Shin Huang, datado de 5.000 anos atrás e encontrado na região do rio Amarelo na China, que expunha a técnica de acupuntura utilizada para estimular animais antes das batalhas, e o código dos Hititas, que destacava, em grande parte, a patologia e a terapêutica dos cavalos, bovinos e ovinos. Há também os códigos de Eshn Unna (1.900 a.C.) e de Hammurabi (1.700 a.C.), originários da Babilônia, capital da antiga Mesopotâmia, e formadores das primeiras legislações conhecidas do mundo, que citam os animais e seus cuidadores (Germiniani, 1998; Guarinello, 2003).

Ainda na Antiguidade, com o surgimento da grande escola filosófica grega, que marcou o início da história intelectual da humanidade, a dita cultura cosmocêntrica – que considerava o homem como parte integrante do universo sem possuir nenhum tipo de autonomia sobre este, e admitia a evolução das espécies e a origem animal do homem –, defendida pelos filósofos pré-socráticos, foi substituída pela cultura de Sócrates e Platão (na época do sofismo grego), que excluía os animais de quaisquer considerações morais. Nesse aspecto, vários filósofos pensaram o homem e sua relação com os outros seres vivos do planeta, sendo que a influência desse pensamento percorreu a Idade Média e a Idade Moderna e chegou aos dias atuais (a Idade Contemporânea). Mesmo após a conquista da Grécia pela Macedônia, o centro cultural e científico se deslocou para Alexandria, no Egito – onde estão localizados os famosos papiros da Biblioteca de Alexandria –, e depois para Roma, o que deu "fluidez" à filosofia grega (Dias, 2007).

Os filósofos pós-socráticos, como Protágoras, iniciaram o chamado humanismo grego, segundo o qual o homem se estabelece como o centro do universo. Para Sócrates, de nada importava conhecer a natureza e seus fenômenos – o que importava era conhecer o homem em sociedade. Diante desse pensamento, o homem diferencia-se dos animais devido ao seu espírito: segundo Sócrates, todos os animais teriam alma, mas só o homem teria espírito. Seguindo essa linha teórica, Platão diferencia os tipos de alma, que são a alma do desejo, a da disposição e a do pensamento. Considera-se, assim, que a alma do desejo e a da disposição estariam presentes em homens, crianças, escravos e animais; no entanto, só os homens teriam a alma do pensamento. Aristóteles também corrobora essa filosofia ao afirmar que o espírito seria um tipo de alma intelectual, e, como outros pensadores da época, entendia uma grande cadeia de domínio que considerava uma ordem decrescente composta primeiro pelos Deuses, em seguida pelos homens, mulheres, crianças, loucos, escravos e, por fim, animais (Mesquita, 2005; Platão, 1981). Dessa forma, a vida do animal só teria um sentido: servir ao homem. Acreditava-se, ainda, que o corpo dos animais abrigaria almas de homens "não virtuosos".

Entre os mais antigos dos filósofos gregos, Pitágoras reconheceu o parentesco do homem com os animais e estabeleceu a tese do *continuum vivo*, que defende a transmutação das almas entre os homens e os animais e apresenta a chamada Justiça Natural, segundo a qual todo ser vivo está enraizado em um mundo que pertence a todos – aos humanos e também aos outros animais. Não obstante, quem realmente influenciou o mundo ocidental, principalmente na elaboração de quase todas as constituições dos países atuais, foi Aristóteles. Para ele, maltratar animais irracionais não faria o menor sentido, não por sentirem dor ou sofrerem, mas por serem patrimônio do homem livre. Assim, não é à toa que as constituições ocidentais consideram os animais como "seres semoventes", ou seja, objetos que se movem; nessa mesma categoria, a de propriedade do homem, encontravam-se os escravos, as mulheres e as crianças (Tannenbaum, 1991; Mattéi, 2000; Felipe, 2009; Felippe; Adania, 2014).

Na transição para a Idade Média, o Império Bizantino, que substituiu o Império Romano do Oriente, reutilizou vários aspectos do "animal *res*" da legislação romana, em que os animais eram considerados coisas (*res*) e recebiam o mesmo tratamento dos objetos inanimados. Os romanos consideravam *res mancipi* os animais domésticos e *res nec mancipi* os animais silvestres, não passíveis de apropriação. Assim sendo, para os bizantinos, os animais passaram a ser considerados bens móveis (semoventes). Já para os ditos povos bárbaros (ostrogodos, visigodos, vândalos, burgúndios etc.), que ocuparam a região do Império Romano do Ocidente, os animais eram tratados com uma certa igualdade em relação ao homem: eles podiam ser presos e ser penalizados com a morte, por exemplo. Todavia, essa visão não vinha do entendimento moral dos animais, mas era amparada em crenças e superstições (Santana; Oliveira, 2006).

Na Idade Moderna, o humanismo foi autenticado pela renascença, que "permitia" a livre intervenção do homem no meio ambiente, e então o fascínio pelas descobertas e consequentemente pelas ciências foi estabelecido. Dessa feita, a centralidade humana, ou seja, o homem como o centro do universo e como ser pensante, foi mantida, bem como o *status* dos animais de seres semoventes, tal como no Império Bizantino. A visão de Descartes, grande pensador da Idade Moderna, em relação aos animais é esclarecedora para entendermos o *status* destes nesse período. Para o filósofo, os animais seriam incapazes de apresentar sentimentos, pensamento e consciência de si, não passando de simples autômatos, destituídos de qualquer dimensão espiritual e insensíveis à dor, embora possuíssem sentidos naturais. Descartes defendeu a teoria do animal-máquina, de Aristóteles, e deu início à experimentação animal utilizada até hoje pela ciência (Descartes, 2007). Em contraponto a isso, nesse mesmo período da história Leonardo da Vinci entendia os animais considerando que qualquer crime contra eles representaria um crime contra a humanidade (Bramly, 1989).

7.3 Filósofos contemporâneos e o surgimento do "direito animal"

No início da Idade Contemporânea, o filósofo e jurista britânico Jeremy Bentham lançou a base para os princípios morais e de direito dos animais. Para ele, a dor dos animais seria tão moralmente relevante quanto a dor humana e, em algum momento, os animais iriam adquirir os direitos dos quais nunca deveriam ter sido privados. Certamente esse filósofo teve importância na inserção do tema do direito e do bem-estar animal nas principais universidades da Inglaterra, Cambridge e Oxford, de onde se originaram os principais filósofos contemporâneos da dita "causa animal", e também motivou a discussão na sociedade sobre esse tema (Bentham, 2000; Menezes, 2002). Nesse cenário, em 1822, instituiu-se a lei inglesa contra a crueldade animal (British Anticruelty Act), para anular atos de tortura aplicável somente aos animais domésticos de grande porte. Em 1824, foi criada a Society for the Prevention of Cruelty to Animals (Sociedade para a Prevenção da Crueldade Animal), um passo importante para a fundação de sociedades semelhantes em outros países, como Alemanha, Bélgica, Áustria, Holanda e Estados Unidos (Goldim; Raymundo, 1997; Menezes, 2002).

Não menos importante para o tema foi o livro *A origem das espécies*, escrito e lançado por Charles Darwin em 1859, que introduziu o conceito da evolução das espécies a partir de um ancestral comum, dando um "toque de animal" ao ser humano, o que corroborou as discussões que se iniciavam na Europa sobre as relações entre homens e animais e sobre o direito e o bem-estar destes. A teoria evolucionista das espécies mostrou a influência do ambiente na modelação progressiva dos seres vivos e da espécie ao expor que cada ser vivo seria fruto do seu relacionamento com o meio ambiente, teoria essa que abalou o criacionismo. Não bastasse isso, Darwin lançou em 1872 o livro *A expressão das emoções no homem e nos animais*, em que defende que os animais também sentem raiva, medo e ciúme, manifestados por meio das expressões, que o autor examina e explica do ponto de vista de sua funcionalidade no processo de adaptação do indivíduo ao meio (Darwin, 2009).

A grande confluência de pensamentos e discussões envolvendo a relação dos humanos com os animais fez com que o século XIX ficasse marcado pelo surgimento das primeiras associações organizadas da sociedade civil voltadas ao bem-estar animal. No Brasil, a União Internacional Protetora dos Animais (Uipa) foi a pioneira, criada na cidade de São Paulo em 1895, que existe até os dias de hoje. Essa associação foi composta por membros da elite paulista (políticos, juristas, professores etc.) e teve como um dos seus fundadores Ignácio Wallace da Gama Cochrane (1836-1912), que também participou da criação, em 1903, do Instituto Pasteur, de São Paulo, hoje referência no combate à raiva (Teixeira; Sandoval; Takaoka, 2004).

Nesse cenário, surge no contexto mundial, na década de 1970, o chamado Movimento Moderno de Defesa dos Direitos dos Animais, uma forte ação social verificada em vários países da Europa que ganhou as ruas, reivindicando a mudança do olhar frente aos animais. Esse movimento culminou na criação da Declaração Universal dos Direitos dos Animais, proclamada e promulgada pela Unesco (Organização das Nações Unidas para a Educação, a Ciência e a Cultura) em 27 de janeiro de 1978, em Bruxelas, que se trata de um diploma legal internacional proposto por ativistas da causa animal com a finalidade de orientar sobre a necessidade de leis protetivas à fauna em sua ampla diversidade (Brandão, 2011).

Ainda no que tange à filosofia contemporânea do século XX, pode-se destacar o filósofo Peter Singer, que trouxe o utilitarismo (por influência de Jeremy Bentham) e deixou claro que o uso de animais é necessário, mas que se deve fazê-lo de forma mais refinada possível, evitando o sofrimento desnecessário. Esse autor influenciou sobremaneira a indústria de produção animal, que hoje procura por novas formas de criação (Singer, 1994). Em contrapartida, Tom Regan, com sua teoria abolicionista, defende que os animais têm um valor intrínseco e que não se justifica o uso deles pelo homem. Para Regan (2001), é preciso libertar os animais do homem imediatamente. Assim, essas correntes de pensamento determinaram uma divisão no movimento de proteção animal, que, de certa forma, permanece até os dias de hoje (Felipe, 2009): de um lado, os utilitaristas, e, de outro, os abolicionistas.

7.4 Utilitarismo animal nos séculos XX e XXI

Ao se debruçar sobre a questão animal nos séculos XX e XXI, pode-se dividi-la em pelo menos seis focos de utilização principais: animais utilizados na experimentação científica, animais utilizados para o entretenimento (circos, zoológicos, circos modernos, rodeios, vaquejadas, touradas etc.), animais utilizados em esportes (hipismo, corrida, jogos de polo etc.), animais domésticos ou criados para prover alimento aos humanos (carne, leite, ovos), animais domésticos utilizados para companhia (*pets*) e animais silvestres. Sem dúvida, as sociedades contemporâneas são totalmente dependentes dos animais, e um objetivo "abolicionista" parece difícil de se atingir. No entanto, o amadurecimento das pessoas sobre o bem-estar animal caminha lentamente à medida que a sociedade consegue perceber, discutir e estabelecer diferentes focos de visão. Isso ocorre também na academia, em que profissões que têm as suas áreas de atuação relacionadas a animais tentam correr atrás dessa fronteira ética incluindo novas disciplinas e discussões em seus currículos.

A ciência praticamente surgiu com a experimentação animal, que foi autenticada pela visão de Descartes – essa prática era corriqueira e isenta de crítica social. Nas universidades brasileiras na década de 1980, era normal utilizar animais em aulas práticas: capturavam-se cães na rua e os levavam à presença dos alunos para serem utilizados como "prova" do que estava nos livros. O uso de animais também era livre nos laboratórios, os quais em sua maioria dispunham de um biotério próprio. Nas salas de aula, o conceito de animais-máquina de Aristóteles estava presente nas disciplinas relacionadas à produção animal, que nascia enquanto uma ciência – a Zootecnia –, com o objetivo de conseguir a qualquer custo produzir mais alimentos a preços menores e no menor intervalo de tempo possível, em detrimento do bem-estar dos animais, pois o mais importante, para essa ciência, era produzir alimento mais acessível à população humana.

Os comitês de ética surgiram no Brasil inicialmente por interesse de algumas universidades e centros de pesquisa, na esteira da criação dos Comitês de Ética na Experimentação em Humanos, que começaram a ser "desenhados" após a Segunda Guerra Mundial.

A criação desses comitês foi também motivada pela necessidade que algumas revistas científicas internacionais apresentaram de um parecer de alguma instituição para a submissão de trabalhos, sendo estimulada principalmente pelo movimento social de proteção e defesa dos animais iniciado na década de 1970. Os Comitês de Ética na Utilização de Animais (Ceua) nas universidades brasileiras surgiram, todavia, sem uma legislação específica e também sem a obrigatoriedade de que pesquisadores e professores enviassem aos comitês seus projetos de pesquisa ou planejamentos de aulas práticas (Paixão, 2004).

O papel de tais comitês seria o de garantir que os três Rs fossem cumpridos. Os três Rs surgiram da publicação, em 1959, do livro de William M. S. Russell e Rex L. Burch, *The principles of humane experimental technique*, que defendia que a experimentação animal deveria atender a três critérios básicos: *replace* (substituição), *reduce* (redução) e *refine* (refinamento). Assim, procura-se aplicar a substituição (*replace*) dos animais por outros métodos alternativos, tais como testes *in vitro*, modelos matemáticos e simulações por computador; a redução (*reduce*) do número de animais utilizados, acompanhada pelo aumento da qualidade do tratamento estatístico dado para pequenas amostras; e o refinamento das técnicas utilizadas (*refine*), que tem por objetivo diminuir a dor e o sofrimento durante pesquisas com animais, incluindo cuidados com analgesia e assepsia no pré, trans e pós-operatório (Rezende; Peluzio; Sabarense, 2008; Miziara et al., 2012).

Em continuidade à evolução da questão animal no Brasil, em 1991, procurando orientar a conduta dos profissionais envolvidos com a utilização de animais em pesquisa, o Colégio Brasileiro de Experimentação Animal (Cobea) divulgou 12 artigos intitulados *Princípios éticos na experimentação animal*. O documento surgiu para suprir a ausência de uma lei que protegesse os profissionais envolvidos com essa prática e que regulamentasse o uso de animais em experimentos. Essa lei surgiria em 8 de outubro de 2008 – a Lei nº 11.794, conhecida como Lei Arouca –, que disciplina o uso de animais na experimentação no Brasil, dando "alma" jurídica aos Comitês de Ética na Utilização de Animais e criando o Conselho Nacional de Controle de Experimentação Animal (Concea).

Em detrimento desse histórico de busca por uma experimentação ética, a sociedade civil parece discordar do uso de animais nesse processo, principalmente em algumas áreas, como a cosmética, por exemplo. Mesmo em aulas práticas envolvendo animais, observa-se que alguns alunos se recusam a assisti-las. A título de exemplo, no ano de 2013, ONGs e protetores utilitaristas e abolicionistas uniram-se e invadiram um instituto de pesquisa no Município de São Roque (SP), retirando todos os animais que eram utilizados em pesquisa, o que mostra que a questão da experimentação animal ainda não está bem resolvida no País (Oliveira, 2014).

A percepção da sociedade brasileira quanto aos maus-tratos aos animais em exibições circenses, rodeios, rinhas, farras do boi, vaquejadas, entre outros, parece diferente da percepção referente à utilização de animais em esportes como corridas, hípicas, jogos de polo e provas de resistência, por exemplo. Percebe-se que a área de entretenimento sofreu uma renovação: em um passado recente, exibições de animais em circos foram duramente criticadas pela sociedade, culminando em leis municipais e estaduais até se chegar à proibição dessa prática no Brasil e em muitos outros países do mundo. No entanto, *shows* envolvendo animais, como os que ocorrem no SeaWorld, nos Estados Unidos, ainda levam milhares de pessoas a visitarem seus parques, tornando o negócio lucrativo e promissor. Outro exemplo é o do Zoológico de Luján, na Argentina, onde animais aparentemente dopados são oferecidos para os visitantes tirarem fotos. Observa-se, a partir desses exemplos, que as pessoas continuam aceitando entretenimentos que envolvem grandes lucros e patrocínios ou que se travestem de manifestação cultural ou de esportes, o que sem dúvida é curioso.

Frente a um cenário de resgate contrário à visão de Aristóteles dos animais-máquina, que impregnou a indústria agropecuária do ocidente, uma grande mudança vem sendo verificada na Europa e nos Estados Unidos, onde os sistemas de produção antigos estão sendo questionados e uma nova visão, de base utilitarista, está se enraizando no mercado comum europeu, motivada não só pelos aspectos éticos da produção, mas também pelo consumo seletivo da população. Uma das evoluções conceituais contemporâneas apresenta-se no documento publicado pelo comitê Brambell em 1965, que foi encarregado de avaliar o bem-estar em sistemas pecuários na Inglaterra, estimulado por uma inquietude da população em relação à forma que os animais de produção eram criados no país. A referida publicação é conhecida por estabelecer o bem-estar dos animais frente às chamadas cinco liberdades: os animais devem estar livres de fome e de sede, livres de desconforto, livres de dor, maus-tratos e doenças, livres para expressar o seu comportamento natural, e livres de medo e tristeza (Brambell, 1965; Honorato et al., 2012).

O relatório Brambell promoveu uma agenda de bem-estar que motivou estudos científicos multidisciplinares e provocou uma mudança da ideologia zootécnica, baseada na dicotomia existente entre animal como mercadoria e animal como ser vivo. A título de exemplo, têm-se as pesquisas realizadas no Brasil pelo grupo ETCO (Grupo de Estudos e Pesquisas em Etologia e Ecologia Animal) da Faculdade de Ciências Agrárias e Veterinárias da Unesp, *campus* de Jaboticabal, que tem estudado etologia e a adaptação dos sistemas de produção brasileiros ao "estado da arte" mundial de bem-estar animal. Porém, no Brasil, um país onde o agronegócio impulsiona o PIB, parece que as mudanças no sistema de produção animal não seguem os mesmos passos da Europa, onde medidas de produção animal éticas vêm ganhando espaço não só entre os consumidores, mas também no próprio mercado comum europeu por meio da internalização desse tema. A Comissão Europeia para Animais, da qual participam a ONU, FAO, OIE, entre outros, contribui para essas mudanças atuando em estudos científicos e treinamentos de profissionais afins, com um gasto de cerca de 70 milhões de euros por ano, sendo que 71% desse valor é destinado ao pagamento de fazendeiros que participam do programa de bem-estar animal, pelo Fundo Europeu de Agricultura para Desenvolvimento Rural (Molento, 2007; Paranhos; Rosa, 2009; European Comission, 2012).

7.5 Ciências de crise e a conservação dos animais silvestres

As ciências de crise Biologia da Conservação e Medicina da Conservação, surgidas respectivamente no início dos anos 1980 e no início do século XXI, certamente influenciaram a visão do mundo sobre a importância da biodiversidade, da proteção dos animais e de seus biomas, das interações entre os seres vivos, da emergência das doenças e do estabelecimento de uma saúde única (saúdes animal, do planeta e humana estão interligadas e dependem umas das outras). Essas ciências motivaram o surgimento de legislações ambientais específicas e a criação de órgãos internacionais e nacionais de controle e proteção da fauna e da flora. No Brasil, observamos a sanção da Lei de Crimes Ambientais e a criação pela sociedade civil de ONGs destinadas à conservação, como a Associação Mata Ciliar (1987), o Instituto Baleia Jubarte (1996), o Projeto Tamar (1980), o Projeto Peixe-Boi-Marinho (1989), o Projeto Golfinho Rotador (1990), a Fundação SOS Mata Atlântica (1983), entre outros (Aguirre et al., 2002; Rodrigues, 2002).

O surgimento das ONGs de conservação no Brasil ocupou, no século XX, e ainda ocupa, no século XXI, o papel do Estado na conservação da fauna silvestre, que na prática disciplina o setor por meio de "infraleis" (instruções normativas, decretos, resoluções etc.) e, em um passado recente, tem criado unidades de conservação e promovido os chamados planos de ação, a fiscalização, entre outras medidas. Todavia, o "fazer" fica por conta das ONGs, que não recebem financiamento do Estado para tanto. Em outras palavras, se há uma recuperação da população de baleias jubarte que se reproduzem na costa brasileira, essa recuperação se deve à ação das ONGs do setor, e não a uma ação direta ou mesmo a uma política do governo brasileiro. De fato, o Estado brasileiro apresenta um claro desinteresse por sua fauna. Algumas evidências desse desinteresse verificam-se no importante projeto de reintrodução do mico-leão-dourado a partir de animais de cativeiro realizado no Estado do Rio de Janeiro, que necessitou de instituições norte-americanas para lograr sucesso, e nos levantamentos de populações cativas e *stud books* (livros de registro genealógico dos animais cativos) do lobo-guará e da ariranha, animais sul-americanos, que hoje são realizados pela Alemanha (Frankfurt Zoological Garden, 2007; Zoo Dortmund, 2011; Johnson et al., 2017; Projeto Baleia Jubarte, [2017]).

7.6 Animais domésticos no contexto das cidades modernas brasileiras

Os animais domésticos de companhia (cães e gatos), embora existam no Brasil praticamente desde a colonização pelos portugueses, nunca foram alvo de uma política nacional e de legislações específicas. Considerados semoventes pela Constituição, esses animais são esquecidos pelos Estados brasileiros no que se refere ao seu bem-estar, sendo lembrados apenas como transmissores de doenças ou "consumidores" de produtos originalmente feitos para humanos, mas que passaram a ser usados em animais. Um exemplo disso é o mercado *pet*, que oferece itens que humanizam os animais – sapatos, perfumes, desodorantes, brincos, roupas etc. –, mas que não consideram o padrão de conforto das espécies.

A história dos cães e gatos no Brasil está intimamente relacionada ao controle da raiva e, consequentemente, aos chamados Centros de Controle de Zoonoses (CCZ), que implementaram nas décadas de 1970 e 1980 e no início da década de 1990 o controle da raiva nos Municípios brasileiros, principalmente da região Sudeste. Uma vez controlada a epizootia da raiva, os Centros de Controle de Zoonoses continuaram a capturar animais errantes e sacrificá-los como método de extermínio em massa, como uma tentativa de diminuir a população de cães e gatos abandonados (Instituto Pasteur, 2000; Brasil, 2016).

Com o passar dos anos, a ineficiência do método de controle populacional "se encontrou" com uma crescente insatisfação popular, culminando com a criação de leis que acabaram com a prática de sacrifício em massa de animais em todo o Brasil. Com o término dos sacrifícios, os CCZs, embora sendo um equipamento das Secretarias Municipais de Saúde, acabaram por "adotar" a função de resolver os problemas dos animais errantes, de maus-tratos, dentre outras demandas crescentes na sociedade. Porém, esses equipamentos públicos não dispunham de financiamento (dentro das Secretarias Municipais de Saúde) nem "vocação" para criar e gerir políticas públicas de bem-estar animal, o que, em associação com a história de sacrifício em massa de animais, gerou imensa insatisfação da sociedade civil organizada (ONGs de proteção) e da população das cidades como um todo, gerando um impasse de difícil solução, que de certa forma permanece até os dias de hoje (Instituto Pasteur, 2000; Brasil, 2016).

Em síntese, não seria errado afirmar que o Estado brasileiro está à margem da chamada questão animal: participa do controle da experimentação, com o apoio das universidades, porém se ausenta em áreas que se referem a animais de esporte, de produção, silvestres (conservação) e *pets*. Às vezes, cria leis e regulamentos que dizem respeito a essas áreas; entretanto, a preocupação do Estado encontra-se apenas nos aspectos econômicos e de saúde pública, sem o olhar ao bem-estar animal. Criar e gerir políticas públicas voltadas aos animais parece não estar na vocação dos Estados e cidades brasileiras; todavia, alguns poucos exemplos de iniciativas municipais podem ser citados, como o das cidades de Curitiba (PR), Florianópolis (SC) e Campinas (SP).

7.7 Experiências locais em formação de política e gestão pública da fauna

O Município de Curitiba desenvolveu um projeto chamado Rede de Defesa e Proteção, que tem por objetivo envolver e organizar agentes públicos da iniciativa privada e do terceiro setor para buscar uma melhor condição de vida à fauna da cidade. Já em Florianópolis, foi criada uma estrutura administrativa, o Departamento de Proteção Animal de Florianópolis, e, em Campinas, foi estabelecida uma sincronia de ambas as visões, com a criação do Departamento de Proteção e Bem-Estar Animal (DPBEA), com a otimização do "esforço social" para o bem-estar animal, por meio de discussões organizadas no chamado Conselho Municipal de Proteção e Defesa dos Animais (CMPDA) e na Comissão de Proteção e Defesa dos Direitos dos Animais (Câmara dos Vereadores de Campinas), e também com o apoio do DPBEA às atividades desenvolvidas pelo terceiro setor de proteção animal do

Município (Curitiba, s.d.; Prefeitura Municipal de Florianópolis, 2018; Campinas, s.d.).

Historicamente, no Município de Campinas a discussão sobre a causa animal parece ter se organizado mais cedo. Foi uma das primeiras cidades a proibir animais em circos, rodeios, uso da tração animal, entre outros, medidas essas que foram sendo paulatinamente adotadas em outros Municípios e Estados da Federação. No que diz respeito a ONGs de proteção animal, Campinas possui também uma das mais antigas e bem estruturadas: fundada em outubro de 1983, a Associação dos Amigos dos Animais de Campinas (AAAC) administra um "santuário" que abriga cerca de 2.000 cães e 1.000 gatos em uma área de 100.000 m^2 e, na contramão do que se observa em instituições do gênero, foi assumida por um grupo de empresários, apresentando fôlego financeiro e não dependendo de verbas públicas. Destaca-se ainda o pioneirismo da assunção, por parte do Município, da causa animal por meio do DPBEA que, além das políticas como 29 mil castrações em massa (janeiro de 2015 até abril de 2019) em unidade móvel, 33 mil microchipagens e cadastramentos de animais (janeiro de 2015 até abril de 2019), 950 atendimentos do SAMU destinados a emergências de cães e gatos (março de 2017 até dezembro de 2018), ressocialização e doação de animais agressivos, ainda vem implantando ações destinadas à conservação *in situ* e *ex situ* dos animais silvestres.

7.8 Considerações finais

O caminho trilhado por alguns Municípios do Brasil com relação ao bem-estar animal, como em Campinas, por exemplo, tem por pioneirismo a visão ampla e planejada sobre o tema, envolvendo políticas públicas de ação imediata, mediata e de longo prazo (educação ambiental), além de se debruçar sobre os animais silvestres com políticas de conservação *in situ*, como os projetos de cooperação regional para recuperação de corredores ecológicos, e *ex situ*, como a implantação de biobancos e Centros de Recuperação de Animais Selvagens, entre outros.

Esse movimento de reconhecimento dos animais como membros da sociedade, associado a um movimento de internalização de políticas públicas junto aos poderes executivos (municipal, estadual e federal), tem um futuro promissor, uma vez que disciplinará a relação homem-animal, dando aos animais dignidade suficiente para viverem nas cidades. Nesse momento inicial de desenvolvimento da questão, muitos Municípios da região metropolitana de Campinas, assim como de outras regiões e Estados do Brasil, já estão criando estruturas destinadas a um olhar mais preocupado ao bem-estar animal e desenvolvendo estratégias próprias e ações voltadas a esse fim, corroborando uma espécie de reivindicação social que tem lembrado, em um passado recente, o Poder Público de que os animais existem nas cidades brasileiras.

Referências bibliográficas

AGUIRRE, A. A. et al. (Ed.) *Conservation medicine*: ecological health in practice. Oxford: Oxford University Press, 2002.

BELSHAW, R.; DAWSON, A. L. A.; WOOLVEN-ALLEN, J.; REDDING, J.; BURT, A.; TRISTE, M. Genomewide screening reveals high levels of insertional polymorphism in the human endogenous retrovirus family HERV-K (HML 2): implications for present-day activity. *J. Virol.*, v. 79, p. 12507-12514, 2005.

BENTHAM, J. *An introduction to the principles of morals and legislation*. Kitchener: Batoche, 2000. Disponível em: <http://bit.ly/25ut6s0>. Acesso em: 15 mar. 2018.

BRAMBELL, F. W. R. *Report of the Technical Committee to Enquire into the Welfare of Animals kept under intensive Livestock Husbandry Systems*. Londres: Her Majesty's Stationery Office, 1965.

BRAMLY, S. *Leonardo da Vinci*. Rio de Janeiro: Imago, 1989.

BRANDÃO, A. Os direitos dos animais na sociedade contemporânea. *Revista Jurídica Consulex*, Brasília, v. 15, n. 358, p. 28-29, dez. 2011.

BRASIL. Ministério da Saúde. Secretaria de Vigilância em Saúde. Departamento de Vigilância das Doenças Transmissíveis. *Manual de vigilância, prevenção e controle das zoonoses*: normas técnicas e operacionais. Brasília: Ministério da Saúde, 2016. Disponível em: <https://sinitox.icict.fiocruz.br/sites/sinitox.icict.fiocruz.br/files//Manual%20de%20vigilancia%2C%20prevencao%20e%20controle%20de%20zoonoses%20-%202016.pdf>. Acesso em: 1° jul. 2018.

BRUFORD, M. W.; BRADLEY, D. G.; LUIKART, G. DNA markers reveal the complexity of livestock domestication. *Nature Reviews Genetics*. London, v. 4, n. 11, 900-910, nov. 2003.

CAMPINAS. Prefeitura Municipal. *Departamento de Proteção e Bem-Estar Animal*. [s.d.]. Disponível em: <http://campinas.sp.gov.br/governo/meio-ambiente/protecao-animal.php>. Acesso em: 2 jul. 2018.

CURITIBA. Prefeitura Municipal. *Rede de Proteção Animal*. [s.d.]. Disponível em: <http://www.protecaoanimal.curitiba.pr.gov.br/Default.aspx>. Acesso em: 2 jul. 2018.

DARWIN, C. *A expressão das emoções nos homens e nos animais*. São Paulo: Companhia de Bolso, 2009.

DESCARTES, R. *Discurso do método e regras para a direção do espírito*. São Paulo: Martin Claret, 2007.

DEWANNIEUX, M.; HEIDMANN, T. Endogenous retroviruses: acquisition, amplification and taming of genome invaders. *Current Opinion in Virology*, v. 3, p. 646-56, 2013.

DIAS, E. C. A defesa dos animais e as conquistas legislativas do movimento de proteção animal no Brasil. *Revista Brasileira de Direito Animal*, v. 2, n. 2, 2007. Disponível em: <https://portalseer.ufba.br/index.php/RBDA/article/view/10297>. Acesso em: 11 mar. 2019.

EUROPEAN COMMISSION. *Communication from the Comission to the European Parliament, the Council and the European Economic and Social Commitee*: on the European Union Strategy for the Protection and Welfare of Animals 2012-2015. Brussels, 15 fev. 2012. [Communication]. Disponível em: <https://ec.europa.eu/food/sites/food/files/animals/docs/aw_eu_strategy_19012012_en.pdf>. Acesso em: 1 jul. 2018.

FELIPE, S. T. Antropocentrismo sencientismo e biocentrismo: perspectivas éticas abolicionistas, bem-estaristas e conservadoras e o estatuto dos animais não humanos. *Revista Páginas de Filosofia*, São Paulo, v. 1, n. 1, jan./jul. 2009.

FELIPPE, P. A. N.; ADANIA, C. H. Conservação e bem-estar animal. In: CUBAS, Z. S.; SILVA, J. C. R.; CATÃO-DIAS, J. L. *Tratado de animais selvagens*. São Paulo: Roca, 2014. p. 2-9.

FRANKFURT ZOOLOGICAL GARDEN. *International studbook for the Maned Wolf*: *Chrysocyon brachyurus* (Illiger, 1811). Frankfurt: Frankfurt Zoological Garden, 2007. Disponível em: <https://www.yumpu.com/it/document/view/17810486/international-maned-wolf-studbook-library/7>. Acesso em: 1 jul. 2018.

GERMINIANI, C. L. B. A história da medicina veterinária no Brasil. *Arch. Vet. Science*, Curitiba, v. 3, n. 1, p. 1-8, 1998.

GOLDIM, J. R.; RAYMUNDO, M. G. *Pesquisa em saúde e os direitos dos animais*. 2. ed. Porto Alegre: HCPA, 1997.

GRAY, M. M.; SUTTER, N. B.; OSTRANDER, E. A.; WAYNE, R. K. The IGF 1 small dog haplotype is derived from Middle Eastern grey wolves. *BMC Biology*, London, n. 8, p. 16, fev. 2010.

GUARINELLO, N. L. Uma morfologia da história: as formas da História Antiga. *Politeis: História e Sociedade*, Vitória da Conquista, v. 3, n. 1, p. 41-61, 2003.

HONORATO, L. A.; HÖTZELL, M. J.; GOMES, C. C. M.; SILVEIRA, I. D. B.; MACHADO FILHO, L. C. P. Particularidades relevantes da interação humano-animal para o bem-estar e produtividade de vacas leiteira. *Ciência Rural*, Santa Maria, v. 42, n. 2, p. 332-339, 2012.

INSTITUTO PASTEUR. *Orientação para projetos de Centros de Controle de Zoonoses (CCZ)*. 2 ed. São Paulo: Instituto Pasteur, 2000. 2° Manual Técnico do Instituto Pasteur. Disponível em: <http://www.saude.sp.gov.br/resources/instituto-pasteur/pdf/manuais/manual_02.pdf>. Acesso em: 1° jul. 2018.

JOHNSON, C. N.; BALMFORD, A.; BROOK, B. W.; BUETTE, J. C.; GALETTI, M.; GUANG-CHUN, L.; WILMSHURST, J. M. Biodiversity losses and conservation responses in the Anthropocene. *Science*, New York, v. 356, n. 6335, p. 270-275, apr. 2017.

LANDER, E. S.; LINTO, L. M.; BIRREN B.; NUSBAUM, C.; ZODY, M. C.; BALDWIN, J. et al. Initial sequencing and analysis of the human genome. *Nature*, v. 409, p. 860-921, 2001.

MATTÉI, J.-F. *Pitágoras e os pitagóricos*. São Paulo: Paulus, 2000.

MENEZES, H. S. Ética e pesquisa em animais. *Revista AMRIGS*, Porto Alegre, v. 46, n. 3/4, p. 105-108, jul./dez. 2002.

MESQUITA, A. P. *Aristóteles*: obras completas. Imprensa Nacional – Casa da Moeda, fev. 2005. 752 p.

MIZIARA, I. D.; MAGALHÃES, A. T. M.; SANTOS, M. A.; GOMES, E. F.; OLIVEIRA, R. A. Research ethics in animal models. *Brazilian Journal of Otorhinolaryngology*, São Paulo, v. 78, n. 2, p. 128-131, mar./apr. 2012.

MOLENTO, C. F. M. Bem-estar animal: qual é a novidade? *Acta Scientiae Veterinaire*, Porto Alegre, v. 35, supl. 2, p. 224-226, 2007.

MURPHEY, R. M.; RUIZ-MIRANDA, C. R. Domesticated ruminant behavior. In: GREENBERG, G.; HARAWAY, M. M. (Eds.). *Comparative Psychology*: handbook. New York: Garland, 1998. p. 393-404.

NEVES, W. A.; JUNIOR, M. J. R.; MURRIETA, R. S. S. *Assim caminhou a Humanidade*. São Paulo: Palas Athenas, 2015.

OLIVEIRA, N. Invasão do Instituto Royal em São Roque completa 1 ano. *G1*, 18 out. 2014. Disponível em: <http://g1.globo.com/sao-paulo/sorocaba-jundiai/noticia/2014/10/invasao-ao-predio-do-instituto-royal-em-sao-roque--completa-um-ano.html>. Acesso em: 22 mar. 2018.

PAIXÃO, R. L. As Comissões de Ética no uso de animais. *Revista do Conselho Federal de Medicina Veterinária*, Brasília, v. 10, n. 32, p. 13-20, mai./ago. 2004. Disponível em: <http://certidao.cfmv.gov.br/index/revistas/download/59>. Acesso em: 3 jul. 2018.

PARANHOS, M. C.; ROSA, M. S. *Contribuição dos estudos de comportamento de bovinos leiteiros para melhorar o bem-estar nas fazendas*. Infobibos, 2009. Disponível em: <http://www.infobibos.com/Artigos/2009_3/Comportamento/Index.htm>. Acesso em: 2 jul. 2018

PENG, M. S.; XU, W.; SONG, J. J.; CHEN, X.; SULAIMAN, X.; CAI, L.; LIU, H. Q.; WU, S. F.; GAO, Y.; ABDULLOEVICH, N. T.; AFANASEVNA, M. E.; IBROHIMOVICH, K. B.; CHEN, X.; YANG, W. K.; WU, M.; LI, G. M.; YANG, X. Y.; RAKHA, A.; YAO, Y. G.; UPUR, H.; ZHANG, Y. P. Mitochondrial genomes uncover the maternal history of the Pamir populations. *Europen Journal of Human Genetics*, v. 26(1), p. 124-136, 2018.

PLATÃO. *Diálogos*. São Paulo: Húmus, 1981.

PRICE, E. O. Behavioral development in animals undergoing domestication. *Applied Animal Behavior Science*, Edinburgh, v. 65, n. 3, p. 245-271, dec. 1999.

PROJETO BALEIA JUBARTE. *Pesquisa realizada a bordo de embarcações de turismo comprova*: mais baleias filhotes avistados em 2017. Projeto Baleia Jubarte, [2017] Disponível em: <http://baleiajubarte.org.br/projetoBaleiaJubarte/noticia.php?id=519>. Acesso em: 2 jul. 2018.

REGAN, T. *Defending animal rights*. Illinois: Illinois University, 2001.

REZENDE, A. H.; PELUZIO, M. C. G.; SABARENSE, C. M. Experimentação animal: ética e legislação brasileira. *Revista de Nutrição*, Campinas, v. 21, n. 2, mar./abr. 2008.

RODRIGUES, E. Biologia da Conservação: ciência de crise. *Semina: Ciências Agrárias*, Londrina, v. 23, n. 2, p. 261-272, jul./dez. 2002.

SANTANA, L. R.; OLIVEIRA, T. P. Guarda responsável e dignidade dos animais. *Revista Brasileira de Direito Animal*, v. 1, n. 1, 2006.

SAVOLAINEN, P.; ZHANG, Y. P.; LUO, J.; LUNDEBERG, J.; LEITHER, T. Genetic evidence for an East Asian origin of domestic dogs. *Science*, New York, v. 298 n. 5598, p. 1610-1613, nov. 2002.

SIMM, G. C.; BISHOP, S. C.; DWYER, C. M.; PATTINSON, S. Genetic selection for extensive conditions. *Applied Animal Behaviour Science*, New York, v. 49, n. 1, p. 47-96, aug. 1996.

SINGER, P. *Ética prática*. São Paulo: Martins Fontes, 1994.

STEPHEN, J. G. H. *The domestic horse*: the origins, development, and management of its behaviour. Cambridge University Press, v. 2, p. 23-26, 2005.

TANNENBAUM, J. Ethics and animal welfare: the inextricable connection. *Journal of American Veterinary Medical Association*, Ithaca, v. 198, n. 8, p. 1360-1376, apr. 1991.

TEIXEIRA, L. A.; SANDOVAL, M. R. C.; TAKAOKA, N. Y. Instituto Pasteur de São Paulo: cem anos de combate à raiva. *Hist. Cienc. Saúde-Manguinhos*, v. 2, n. 3, oct./dez. 2004. Disponível em: <http://www.scielo.br/scielo.php?script=sci_arttext&pid=S0104-59702004000300011>. Acesso em: 17 mar. 2018.

TRISTEN, M. Identification and characterization of novel human endogenous retrovirus families by phylogenetic screening of the Human Genome Mapping Project database. *J. Virol.* v. 74, p. 3715-30, 2000.

VILÀ, C.; MALDONADO, J. E.; WAYNE, R. K. Philogenetic relationships evolution, and genetic diversity of the domestic dog. *The Journal of Heredity*, Baltimore, v. 90, n. 1, p. 71-77, jan./fev. 1999.

VIGNE, J.-D.; GUILAINE, J.; DEBUE, K.; HAYLE, L.; GÉRARD, P. Early taming of the cat in Cyprus. *Science*, New York, v. 304, n. 5668, p. 259, apr. 2004.

WARMUTH, V. *On the origin and spread of horse domestication*. Dissertation submitted to the University of Cambridge for the degree of Doctor of Philosophy. August, 2011.

WONG, K. O Crepúsculo do homem de neandertal. *Scientific American*, ano 8, n. 88, 2009.

ZOO DORTMUND. *International studbook of Giant Otter: Pteronura brasiliensis*. 2. ed. Dortmund, Germany: Zoo Dortmund, 2011.

8 Planejamento e gestão ambiental para cidades sustentáveis

Sylvia Regina Domingues Teixeira
Josmar Cappa

Todos os sistemas de gestão ambiental públicos e privados almejam internalizar o conceito de sustentabilidade em seus processos. Com relação à gestão ambiental nacional, respeitando a capacidade e o ritmo de cada um dos entes federativos, encontra-se uma significativa quantidade de políticas ambientais a fim de assegurar a proteção, recuperação e conservação dos recursos naturais.

Se do ponto de vista da produção legislativa estamos, em nível nacional, avançados, por que não conseguimos os resultados esperados? É uma pergunta cuja resposta é complexa e multifacetada. A par de sua complexidade, aborda-se neste capítulo a gestão ambiental de uma forma ampla e didática, com o intuito de contribuir com os gestores ambientais municipais na busca de soluções para os desafios que se apresentam aos Municípios nos tempos atuais.

Para tanto, esse capítulo está dividido em duas partes. A primeira recupera o debate teórico sobre sustentabilidade, que estabelece o conflito intergeracional referente ao modelo de desenvolvimento e à finidade dos recursos ambientais. Tal ideia pressupõe um conjunto de ações multidisciplinares que, ao mesmo tempo, se inter-relacionam e se complementam, como, por exemplo, o meio ambiente, a política, a economia e as questões sociais.

A segunda parte do capítulo apresenta seis questões que fundamentam uma gestão ambiental local em prol da sustentabilidade: (i) uso de metodologias e ferramentas experimentadas no sistema de gestão privado ou público; (ii) disponibilidade de um quadro técnico multidisciplinar qualificado e em quantidade disponível; (iii) perenidade para assegurar a continuidade dos avanços obtidos ao longo do tempo por meio de programas, planos e projetos; (iv) elaboração de planejamento próximo da realidade científica, técnica e social; (v) políticas públicas locais voltadas ao desenvolvimento urbano e econômico; e (vi) integração de políticas públicas locais com as regionais, a fim de criar interfaces entre o sistema de gestão ambiental e as políticas regionais.

8.1 Debate teórico sobre sustentabilidade

Por ações de sustentabilidade, compreende-se um processo de desenvolvimento que satisfaz às necessidades presentes, sem comprometer a capacidade das gerações futuras de suprir suas necessidades. Essa definição consta no relatório *Our common future* (*Nosso futuro comum* ou Relatório Brundtland), de 1987, elaborado pela Comissão Mundial sobre o Meio Ambiente e Desenvolvimento (CMMAD) da ONU, que foi criada pela Conferência de Estocolmo de 1972, presidida pela primeira Ministra da Noruega Gro Harlem Brundtland (Comissão Mundial sobre Meio Ambiente e Desenvolvimento, 1991).

Essa definição de sustentabilidade foi mantida pelas conferências internacionais subsequentes sobre questões ambientais, como a Conferência das Nações Unidas sobre Meio Ambiente e Desenvolvimento de 1992, no Rio de Janeiro (Rio-92), a Conferência das Nações Unidas sobre Desenvolvimento Sustentável de 2002 e a Conferência das Nações Unidas sobre Desenvolvimento Sustentável de 2012, conhecida como Rio+20 (Conferência..., 2012).

A Conferência Rio-92 reuniu 178 nações para debaterem temas relativos à conservação ambiental, à qualidade de vida na Terra e à consolidação política e técnica do desenvolvimento sustentável, desdobrando-se em cinco documentos: Convenção sobre mudança climática, Convenção sobre diversidade biológica, Princípios para manejo e conservação de florestas, Declaração do Rio e Agenda 21. O capítulo 7 desse último documento faz referência ao planejamento rural e urbano e recomenda avaliar as atividades humanas, o uso da terra e a ordenação desejada dos espaços dentro dos preceitos de sustentabilidade desdobrados nas dimensões econômica, social, ambiental, política e cultural.

A noção de dimensões, para pensar estratégias de sustentabilidade, é importante para explicitar que o conceito de desenvolvimento ou a noção de progresso não devem ter apenas significado econômico. Na concepção de Sachs (1993, 2002), o conceito de sustentabilidade integra as dimensões ecológica, econômica, social, espacial, cultural, política nacional e política internacional.

No Brasil, a definição de sustentabilidade, contida no Relatório Brundtland, foi prestigiada na Constituição Federal de 1988 pelos arts. 170, inciso VI, e 225, em que se harmoniza a ordem econômica com o princípio da defesa do meio ambiente. Antes disso, a Política Nacional de Meio Ambiente, instituída pela Lei Federal nº 6.938/1981, assegurava a preservação, a melhoria e a recuperação da qualidade ambiental. Ademais, tal política promoveu a descentralização da ação ambiental por meio da instituição do Sistema Nacional de Meio Ambiente (Sisnama), que demandou dos entes federativos a estruturação ou adequação às estruturas existentes para desempenhar essa tarefa em seu âmbito de atuação.

Em junho de 2015, a supracitada noção de sustentabilidade foi corroborada pela *Carta Encíclica Laudato Si' (Louvado Sejas): sobre o cuidado da casa comum* do Santo Padre Francisco, ao afirmar que

> [...] não é suficiente conciliar, a meio termo, o cuidado da natureza com o ganho financeiro, ou a preservação do meio ambiente com o progresso. Neste campo, os meios-termos são apenas um pequeno adiamento do colapso. Trata-se simplesmente de redefinir o progresso. Um desenvolvimento tecnológico e econômico, que não deixa um mundo melhor e uma qualidade de vida integralmente superior, não se pode considerar progresso. (Francisco, 2015, p. 148).

Na temática ambiental, a sustentabilidade como política pública apresenta dois aspectos que a atrelam à necessidade de um sistema de gestão: o equacionamento do seu tripé social, econômico e ambiental, e o pacto com as gerações futuras em prol de um meio ambiente sustentável e que proporcione qualidade de vida aos seres humanos.

Todavia, para a maioria dos entes pertencentes ao Sisnama, principalmente os Municípios, dispor de um sistema de gestão ambiental ainda é, na atualidade, um cenário desafiador. Um dos motivos é que, dada a proximidade com a sociedade e as contínuas demandas pelos serviços obrigatórios, exige-se do Poder Público uma atuação mais operacional em detrimento da atuação estratégica ou tática.

A seguir, aborda-se a gestão ambiental em uma escala mais próxima do gestor municipal, compartilhando algumas experiências de Campinas no contexto da gestão na esfera regional.

8.2 Contribuições para uma gestão ambiental local em prol da sustentabilidade

Considerando que as políticas públicas apontam, justificam e fundamentam o que precisa ser feito e, às vezes, até a quem cabe fazê-lo, a gestão é a forma como essas ações detalhadas serão atingidas ou como elas serão interpretadas em algumas situações, ou seja, a gestão é a materialização da política pública.

Teixeira e Struchel (2004) registraram a proposta de instituição de um Sistema de Gestão Ambiental (SGA) quando da revisão do código ambiental no Município de Campinas (SP). Na época, adotou-se abordagem matricial para contornar a deficiência estrutural e hierárquica da pasta ambiental, resumida apenas a um departamento e destituída de várias atribuições necessárias. Atualmente, algumas das deficiências referentes à gestão municipal foram minimizadas com a instituição da Secretaria do Verde, Meio Ambiente e Desenvolvimento Sustentável (SVDS) por meio da Lei Complementar nº 59/2014, que estabeleceu uma configuração estrutural mais robusta, composta por oito unidades administrativas na primeira linha hierárquica de subordinação ao Secretário Municipal. Paralelamente a esse avanço, diversos instrumentos de gestão foram instituídos por legislação específica. A proposta desse sistema de gestão está contemplada no Projeto de Lei Complementar nº 37/2017, o qual dispõe sobre a revisão da Política Municipal de Meio Ambiente e se encontra em tramitação na Câmara Municipal de Campinas. O sistema recomendado conta com 16 instrumentos: (i) planos ambientais municipais; (ii) fundos ambientais; (iii) convênios, parcerias e cooperações; (iv) sistema integrado de informações ambientais; (v) avaliação de desempenho ambiental; (vi) incentivos ambientais; (vii) pagamento por serviços ambientais (PSA); (viii) banco de áreas verdes (BAV); (ix) taxas; (x) espaços especialmente protegidos; (xi) zoneamento ambiental; (xii) educação ambiental; (xiii) juntas técnica, de recursos e de valoração ambiental; (xiv) licenciamento ambiental; (xv) fiscalização ambiental; e (xvi) Termo de Compensação Ambiental (TCA) e Termo de Ajustamento de Conduta (TAC).

Essa abordagem de política ambiental atrelada ao sistema de gestão ambiental faz-se necessária devido à lacuna existente na apresentação da forma como esses instrumentos se alinham e se complementam na materialização da política e seus objetivos. A aprovação desse documento legal constituirá um marco importante na gestão ambiental municipal, dada a coerência e o alinhamento legal e institucional dos seus instrumentos e demais elementos de gestão, como forma de garantir a robustez e a manutenção da governança ambiental.

Para explorar esse universo, a Secretaria do Verde, Meio Ambiente e Desenvolvimento Sustentável de Campinas realizou um levantamento sobre a existência legal dos elementos que constituirão o futuro de seu sistema de gestão e também sobre a situação das demais cidades da Região Metropolitana de Campinas (RMC), criada pela Lei Complementar nº 870/2000. A Fig. 8.1 ilustra o resultado na forma de um quadro comparativo entre a estrutura e as ferramentas do sistema de gestão proposto pelo projeto de lei complementar e a atual situação dos Municípios da RMC. Foram consultados os *sites* oficiais das prefeituras e das câmaras municipais dos 20 Municípios que compõem a RMC.

Observa-se pela Fig. 8.1 que todas as cidades da RMC contam com uma pasta dedicada, mas não exclusiva, para tratar do meio ambiente em âmbito municipal. Todas elas instituíram pelo menos uma política pública referente a questões ambientais e também possuem seus planos diretores elaborados por força do Estatuto da Cidade, que foi criado pela Lei Federal nº 10.257/2001. Se somarmos isso aos bons índices de evidência de conselhos, fundos e planos ambientais, percebe-se que o avanço maior é na parte estruturante e participativa da gestão.

Outro fato que chama a atenção é que menos da metade das cidades da RMC apresenta legislação referente à gestão em si, o que significa que oficialmente essas cidades não instituíram uma forma organizada de trabalhar a estrutura e os seus respectivos instrumentos de gestão ambiental. Mesmo sendo um recorte, acredita-se ser provável que essa situação reflita, em algum grau de semelhança, a situação de outras regiões e cidades do País, dado o histórico de inovação e protagonismo que a RMC representa no Estado de São Paulo.

Pelos motivos expostos e com o intuito de ampliar a visão sobre a gestão municipal ambiental e estimular a busca pela sustentabilidade que, como já discutido, apresenta diferentes dimensões, comenta-se a seguir a respeito de seis alicerces facilitadores sobre a problemática de gestão.

8.2.1 A gestão pública ambiental cíclica e eficiente

O primeiro alicerce da gestão ambiental é o uso de metodologias e ferramentas largamente experimentadas no sistema de gestão privado ou público. Muitas metodologias e ferramentas já se mostraram úteis e eficazes para sistematização e operacionalização da gestão e passíveis de utilização.

O setor privado internalizou a gestão como uma condição de sobrevivência. Se, no início, era importante fazer mais, com o tempo o mercado

#	Município	Pasta dedicada	Plano Diretor	Política Municipal Ambiental	Código Ambiental	Sistema de Gestão Ambiental - SGA	Conselhos Municipais Ambientais	Instrumentos															
								Licenciamento Ambiental	Fiscalização Ambiental	Termos Ambientais	Planos Ambientais	Fundos Ambientais	Convênios, Parcerias e Cooperação Técnica	Informações Ambientais	Desempenho Ambiental	Incentivos Ambientais	Serviços Ambientais (PSA)	Banco de Áreas Verdes (BAV)	Taxas	Espaços Especialmente Protegidos	Zoneamento Ambiental	Educação Ambiental	Juntas Administrativas
1	Americana	xxxxxx	xxxxxx	xxxxxx		xxxxxx	xxxxxx	xxxx	xxxx		xxxx	xxxx		xxxx	xxxx	xxxx			xxxx	xxxx	xxxx	xxxx	
2	Artur Nogueira	xxxxxx	xxxxxx	xxxxxx		xxxxxx	xxxxxx		xxxx		xxxx	xxxx	xxxx	xxxx	xxxx		xxxx	xxxxx		xxxx		xxxx	
3	Campinas	xxxxxx	xxxxxx	xxxxxx			xxxxxx	xxxx	xxxx	xxxx	xxxx	xxxx	xxxx			xxxx	xxxx	xxxxx		xxxx	xxxx	xxxx	xxxx
4	Cosmópolis	xxxxxx	xxxxxx	xxxxxx	xxxxxx		xxxxxx	xxxx	xxxx		xxxx	xxxx		xxxx	xxxx	xxxx	xxxx		xxxx	xxxx	xxxx	xxxx	
5	Engenheiro Coelho	xxxxxx	xxxxxx	xxxxxx			xxxxxx				xxxx xx												
6	Holambra	xxxxxx	xxxxxx	xxxxxx	xxxxxx	xxxxxx	xxxxxx	xxxx	xxxx		xxxx	xxxx		xxxx		xxxx				xxxx	xxxx	xxxx	
7	Hortolândia	xxxxxx	xxxxxx	xxxxxx		xxxxxx	xxxxxx	xxxx	xxxx		xxxx	xxxx		xxxx	xxxx	xxxx			xxxx			xxxx	
8	Indaiatuba	xxxxxx	xxxxxx	xxxxxx			xxxxxx	xxxx	xxxx		xxxx	xxxx	xxxx			xxxx	xxxx		xxxx				
9	Itatiba	xxxxxx	xxxxxx	xxxxxx		xxxxxx	xxxxxx	xxxx	xxxx		xxxx	xxxx	xxxx			xxxx	xxxx		xxxx	xxxx	xxxx		
10	Jaguariúna	xxxxxx	xxxxxx	xxxxxx			xxxxxx	xxxx			xxxx	xxxx		xxxx		xxxx				xxxx			
11	Monte Mor	xxxxxx	xxxxxx	xxxxxx			xxxxxx	xxxx	xxxx		xxxx		xxxx			xxxx				xxxx			
12	Morungaba	xxxxxx	xxxxxx	xxxxxx			xxxxxx		xxxx		xxxx	xxxx							xxxx				
13	Nova Odessa	xxxxxx	xxxxxx	xxxxxx		xxxxxx	xxxxxx		xxxx			xxxx					xxxx				xxxx	xxxx	
14	Paulínia	xxxxxx	xxxxxx	xxxxxx		xxxxxx	xxxxxx	xxxx	xxxx		xxxx	xxxx		xxxx	xxxx	xxxx			xxxx	xxxx	xxxx		
15	Pedreira	xxxxxx	xxxxxx	xxxxxx		xxxxxx	xxxxxx		xxxx			xxxx	xxxx	xxxx		xxxx			xxxx		xxxx	xxxx	
16	Santa Bárbara d'Oeste	xxxxxx	xxxxxx	xxxxxx			xxxxxx	xxxx	xxxx		xxxx	xxxx	xxxx							xxxx	xxxx		
17	Santo Antônio de Posse	xxxxxx	xxxxxx	xxxxxx			xxxxxx				xxxx	xxxx								xxxx			
18	Sumaré	xxxxxx	xxxxxx	xxxxxx		xxxxxx	xxxxxx	xxxx	xxxx		xxxx	xxxx		xxxx							xxxx	xxxx	
19	Valinhos	xxxxxx	xxxxxx	xxxxxx			xxxxxx	xxxx	xxxx	xxxx	xxxx	xxxx			xxxx				xxxx	xxxx		xxxx	
20	Vinhedo	xxxxxx	xxxxxx	xxxxxx	xxxxxx		xxxxxx	xxxx	xxxx		xxxx	xxxx		xxxx	xxxx	xxxx	xxxx			xxxx	xxxx		xxxx

	Pasta dedicada	Plano Diretor	Política Municipal Ambiental	Código Ambiental	Sistema de Gestão Ambiental - SGA	Conselhos Municipais Ambientais	Licenciamento Ambiental	Fiscalização Ambiental	Termos Ambientais	Planos Ambientais	Fundos Ambientais	Convênios, Parcerias e Cooperação Técnica	Informações Ambientais	Desempenho Ambiental	Incentivos Ambientais	Serviços Ambientais (PSA)	Banco de Áreas Verdes (BAV)	Taxas	Espaços Especialmente Protegidos	Zoneamento Ambiental	Educação Ambiental	Juntas Administrativas
identificado	20	20	20	3	9	20	14	17	2	18	18	7	10	7	12	7	2	9	13	11	10	2
não identificado	0	0	0	17	11	0	6	3	18	2	2	13	10	13	8	13	18	11	7	9	10	18
% identificado	100	100	100	15	45	100	70	85	10	90	90	35	50	35	60	35	10	45	65	55	50	10

Fig. 8.1 *Quadro resultante da comparação entre a proposta de sistema de gestão ambiental de Campinas e os sistemas de gestão dos demais Municípios da RMC*

exigiu que se fizesse mais, mas com qualidade, em menos tempo e com menor custo. Mais do que produzir um produto ou prestar um serviço, é imprescindível produzir e servir com eficácia, eficiência e efetividade. Para isso, foram produzidas novas metodologias, ferramentas e normatizações.

Um dos métodos mais utilizados em gestão é o conceituado ciclo interativo de quatro passos, o conhecido PDCA: planejar (*plan*), desenvolver (*do*), checar (*check*) e agir (*act*). Popularizado por Deming (1982), o ciclo baseado em metodologia científica foi adaptado para ser utilizado em várias áreas (qualidade, acadêmica, negócios, fabricação, entre outras). O sucesso do método deve-se à repetição sucessiva do ciclo, que leva ao aumento do conhecimento sobre o assunto e, consequentemente, ao aprimoramento contínuo, conforme ilustra a Fig. 8.2. É um método intuitivo e aparentemente fácil, mas que exige disciplina e dedicação para ser bem-sucedido. O método pode ser aplicado nos diversos níveis da gestão, desde o nível estratégico até o operacional, como mostra a Fig. 8.3.

A ideia básica desse planejamento, de diagnosticar o estágio em que se encontra o problema a ser resolvido e estabelecer os objetivos a serem alcançados e as estratégias para atingi-los, também se aplica na gestão ambiental, na qual a elaboração e a implementação dos diversos planos ambientais responderão às mesmas questões, porém nas escalas estratégica e tática.

Para elaborar o planejamento ambiental, é comum observar a utilização de uma ferramenta que também teve sua origem na esfera da

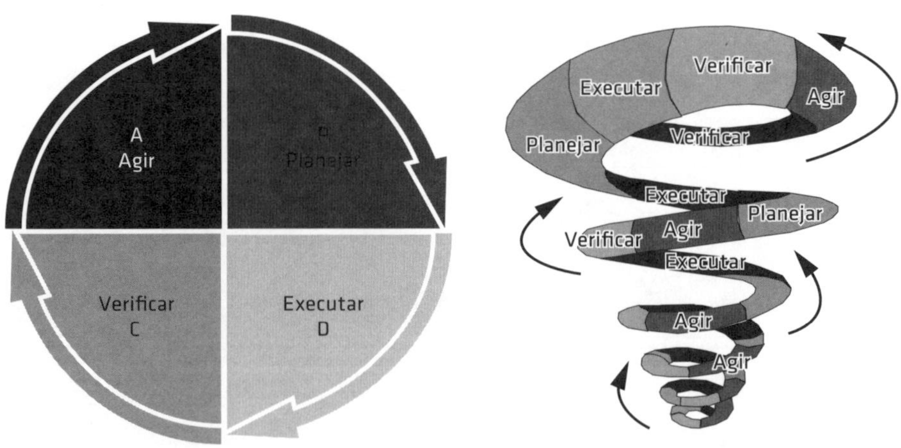

Fig. 8.2 *Conceito do ciclo PDCA*
Fonte: Conceito... (s.d.).

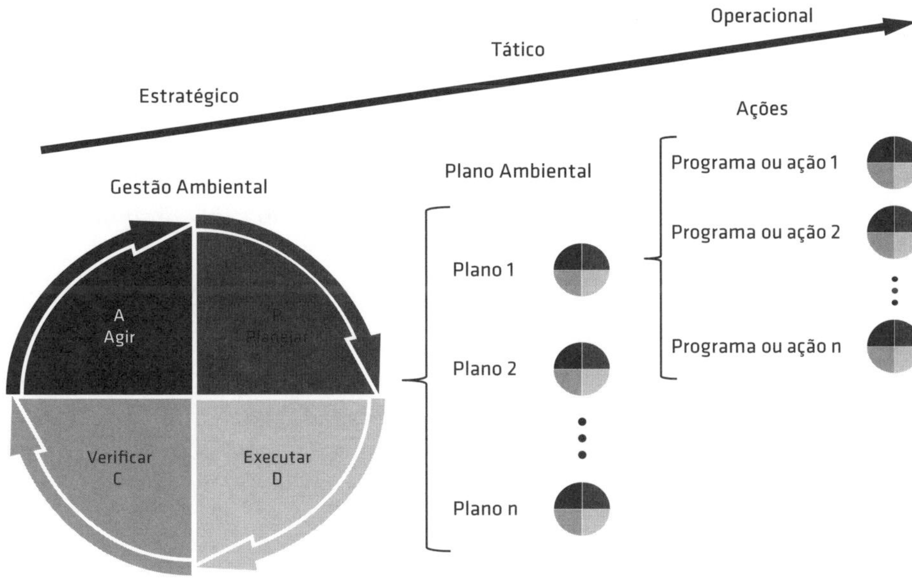

Fig. 8.3 *Relação hierárquica entre os ciclos PDCA*

administração privada: a análise ou matriz *strengths*, *weaknesses*, *opportunities and threats* (SWOT), ou, como é conhecida no Brasil, matriz forças, fraquezas, oportunidades e ameaças (Fofa). Essa ferramenta também aborda os ambientes interno e externo que cercam o objeto de análise, conforme ilustra a Fig. 8.4.

De maneira geral, um sistema de gestão demanda uma estrutura mínima vinculada à organização, aos instrumentos e à definição dos atores e seus respectivos papéis nesse sistema. É importante mencionar que, embora a estrutura do sistema não seja necessariamente idêntica ao organograma, a sua formalização é imprescindível.

Também não é raro observar a adoção de estrutura matricial para o caso de gestão ambiental, visto que normalmente o assunto é alocado de forma diversa e mutável na estrutura formal da organização, principalmente na esfera pública, e a matricialidade ofe-

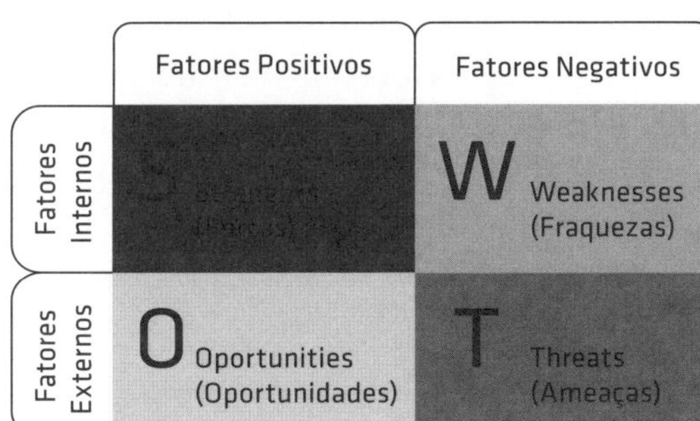

Fig. 8.4 *Matriz SWOT ou Fofa*
Fonte: Casarotto (2018).

rece um ganho qualitativo nos processos ambientais que costumam se modificar com maior constância que as demais políticas públicas.

8.2.2 A qualificação e a transversalidade do sistema de gestão

O segundo alicerce do sistema de gestão é possuir um corpo técnico ou equipe técnica multidisciplinar qualificada e em quantidade suficiente.

O planejamento ambiental envolve temáticas distintas, mas que interagem umas com as outras: resíduos sólidos, saneamento básico, saúde, flora, fauna, mudanças climáticas. Sendo assim, há a necessidade de participação de profissionais com várias formações e capacitados em planejamento. Além de multidisciplinar, a equipe técnica também deve ser capacitada na elaboração de projetos (básico e executivo) adequados para se candidatarem aos recursos disponíveis (não só municipais), visando a implementação ou a elaboração de edital de contratação. Muitas das ações demandam implementações de projetos (de reflorestamento, de parques lineares, entre outros) que exigem técnicos com domínio de projetos e conhecimento dos processos licitatórios, assim como a gestão dos fundos municipais demanda contar com técnicos com conhecimento financeiro e contábil. É importante também dispor de profissionais que fazem o gerenciamento de bancos de dados e tecnologia da informação para desenvolvimento e compatibilização entre os vários sistemas e bancos de outros entes.

Conforme a Fig. 8.1, a previsão legal de coleta, tratamento e disponibilização de dados, especialmente de forma georreferenciada, ainda não é uma realidade para a maioria dos Municípios, e encontrar a previsão estrutural dessa área nas pastas ambientais é ainda mais raro. Esse instrumento é vital para o SGA, pois dificilmente um gestor consegue tomar decisões sem ter acesso aos dados, ou seja, metaforicamente, o sistema de informações está para o SGA assim como o sistema nervoso está para um organismo, alimentando e sendo alimentado o tempo todo por outros instrumentos e sistemas de informações de interface ambiental.

8.2.3 A perenidade do sistema de gestão

O terceiro alicerce da gestão é garantir a sua perenidade, assegurando a continuidade dos avanços.

Independentemente da inquestionável importância, a maioria dos Municípios enfrenta o desafio de instituir o planejamento ambiental e implementar seus programas e ações a médio e longo prazo. O modelo de governança no Brasil, em que os gestores do Poder Executivo se elegem por quatro anos e podem ser reeleitos por mais quatro, não favorece a implementação de planos públicos, dada a incompatibilidade dos períodos. Normalmente, o chefe do Poder Executivo elabora um plano de governo compatível com o seu período de gestão (quatro anos), que nem sempre contempla os planos públicos setoriais já elaborados nos governos anteriores (sejam eles municipais, estaduais ou nacionais). Os planos ambientais municipais, bem como a maioria dos planos elaborados na esfera pública, levam no mínimo dois anos para serem elaborados, com horizontes de 10 a 20 anos. Os programas e ações estão normalmente previstos para serem implantados a médio e longo prazos, extrapolando, assim, o período de gestão política, o que ocasiona uma descontinuidade na implementação, pois os planos só são retomados quando das revisões previstas (normalmente de 5 a 10 anos). Para equacionar esse descompasso, seria necessário que os planos de governo estivessem condicionados à continuidade dos planos públicos já elaborados, para que as mudanças realmente ocorressem a partir da implementação das ações aprovadas, mas essa não é a realidade.

O Município de Extrema, em Minas Gerais, é referenciado como exemplo de gestão ambiental, e o que faz esse Município apresentar resultados positivos é justamente a continuidade. Embora a cidade tenha passado por vários chefes do Poder Executivo, conforme a regra eleitoral vigente, o gestor ambiental mantém-se no cargo há cerca de 20 anos, dando continuidade aos trabalhos de curto, médio e longo prazo e colhendo os resultados de um planejamento sério que respeita os ciclos e os tempos necessários.

8.2.4 A garantia da eficácia do planejamento ambiental local

O quarto alicerce consiste na busca por um planejamento o mais próximo possível da realidade científica, técnica e social.

Como prática geral, todos os planos se pautaram na junção entre a leitura técnica e a leitura comunitária, compondo o documento final, que é colocado para discussão em audiência pública antes do fechamento e da formatação final.

A leitura técnica dá-se por meio de uma equipe multidisciplinar, integrada com o corpo técnico de servidores das pastas afins, na forma de grupo de trabalho, podendo ser incrementada por meio de oficinas técnicas com outras entidades.

Para a elaboração das fases de diagnóstico e prognóstico dos planos, convém utilizar metodologias diversas: ferramenta SWOT, oficinas, análise baseada em técnicas de georreferenciamento e indicadores. A partir da adoção das referidas metodologias, traçam-se os cenários futuros (ideal e possível) que orientam as propostas dos programas e ações a serem executados.

É saudável e desejável que o processo de construção da leitura comunitária que integrará a proposta final represente a sociedade composta por diversos segmentos. Assim, deve-se estimular várias formas de interação e ampla divulgação, podendo ser a leitura comunitária trabalhada concomitantemente à leitura técnica ou não. Com a experiência acumulada de alguns planos, observa-se que a combinação de formas de participação, como oficinas, *e-mails*, protocolos, pesquisas digitais, apresentações em conselhos e audiências públicas, pode apresentar bons resultados. A publicidade deve ser contínua, com a divulgação dos eventos e a disponibilização do material, sendo os convites feitos oficialmente a conselhos municipais, entidades e representações de classes e segmentos da sociedade, como universidades, centros de pesquisa, conselhos regionais, Ordem dos Advogados do Brasil, Câmara Municipal, Ministério Público, Comitê de Bacias Hidrográficas, entre outros.

A falta de controle social pode invalidar o processo e o produto do planejamento, já que este deve constituir um pacto entre o Poder Executivo e a sociedade.

8.2.5 A integração do sistema de gestão ambiental com as políticas de desenvolvimento urbano e econômico no território municipal

O quinto alicerce pauta-se na necessária integração entre o sistema de gestão ambiental e as políticas públicas locais voltadas ao desenvolvimento urbano e econômico.

Discorridos os aspectos principais do planejamento, da gestão e dos instrumentos correlatos, parece natural que o desenvolvimento sustentável esteja vinculado à existência de políticas públicas ambientais alinhadas com os respectivos planos e com um sistema de gestão e que, utilizando seus instrumentos e com o devido controle social, fazem com que tudo funcione coerente e harmonicamente.

Pode-se afirmar que esse escopo seria uma condição necessária, mas não suficiente. A razão disso é que os conflitos entre o ambiental, o social e o econômico se dão no mesmo espaço e com o envolvimento direto da sociedade, visto que se trata de território local. Não se pode, portanto, gerir o ambiente de forma isolada das demais políticas públicas, pois sabe-se que o desequilíbrio entre os três pilares gera degradação, pobreza e exclusão social.

Normalmente, a arena de equacionamento desses conflitos é o Plano Diretor e, principalmente, a Lei de Uso e Ocupação do Solo, legislação que trata da disciplina e do regramento de uso e atividades no território, ou seja, onde e como as pessoas viverão, onde irão trabalhar e quais atividades exercerão, além de tratar também da geração de riqueza e da previsão das intervenções e dos impactos ao meio ambiente. Essa temática, comumente coordenada pelo órgão de planejamento urbano, demanda cada vez mais a harmonização do aspecto eminentemente urbanístico às premissas econômica e ambiental.

Nesse contexto, há uma necessidade cada vez maior de integrar a política ambiental com a urbana, já que o espaço físico do território é um só e o meio ambiente impacta e é impactado pelas ações antrópicas. A gestão ambiental não só é ampla, mas também antecede e inclui a gestão urbana, ou seja, a interface ambiental é base para a proposição e indução de políticas públicas e para eventuais medidas restritivas de ocupação de território no que se refere à legislação urbanística estruturante de urbe. Dessa forma, é fato que o meio ambiente precede à análise do território.

Das ferramentas ambientais, o zoneamento ambiental e os espaços especialmente protegidos são as que têm uma interface mais direta com o território, pois definem regramentos, restrições e condicionantes específicas quanto ao uso e ocupação desse território. Esse zoneamento deve ser internalizado no Plano Diretor e na Lei de Uso e Ocupação do Solo.

É possível também apontar uma grande oportunidade ambiental com a integração urbanística, pois os instrumentos ambientais nem sempre são suficientes para promover as ações e intervenções necessárias à implementação dos planos ambientais. Nesse aspecto, o uso conjunto de instrumentos urbanísticos pode ser uma estratégia de implementação, principalmente operações consorciadas, transferência do direito de construir ou aumento de potencial construtivo. Dessa forma, executar as ações e os programas ambientais entra na pauta dos empreendedores de forma atrativa, diminuindo a resistência à pauta ambiental e abrandando a visão de que o meio ambiente é sempre um empecilho.

Diante do exposto, fica claro que a política ambiental enseja integração e alinhamento, tanto intramunicipal (com as demais políticas públicas) quanto extramunicipal (em escala regional, estadual e federal). Com isso, apresenta-se mais uma vez a afirmação de que são necessários múltiplos saberes para se chegar às soluções.

O desenvolvimento socioeconômico demanda ao gestor público ambiental não somente ações relativas à proteção dos recursos ambientais, mas também a necessidade de estar em sintonia com a geração de emprego e de renda. Nesse aspecto, a política ambiental dos Municípios deve oferecer mecanismos para que as empresas que pretendem ampliar seu desenvolvimento possam ter capacidade para se qualificar no mercado mundial de forma compatível à escala demandada pelas metrópoles globais do século XXI. Alguns dos caminhos para essa qualificação são: a instituição de incentivos às indústrias que geram baixo impacto ambiental; o fomento às exportações de mercadorias sustentáveis; o crescimento do setor terciário; o incremento à produção agrícola e ao setor rural de forma sustentável; e o fortalecimento do turismo de negócios e do ecoturismo, com a instalação de hotéis, restaurantes e demais empresas do setor, aproveitando-se da disponibilidade de recursos naturais.

8.2.6 A interface do sistema de gestão ambiental com a definição de políticas regionais

O sexto alicerce pauta-se na necessária integração de políticas públicas locais com as regionais.

Os arts. 182 e 183 sobre política urbana da Constituição Federal de 1988 e a aprovação do Estatuto da Cidade (Lei nº 10.257/2001) representam um avanço quanto à execução da política urbana no Brasil, especialmente para Municípios inseridos em regiões metropolitanas ou em aglomerações urbanas.

Nesses supracitados artigos da Constituição, destaca-se o Plano Diretor municipal como organizador do desenvolvimento econômico e urbano das cidades, o qual se tornou obrigatório para todos os Municípios com mais de 20.000 habitantes e para aqueles Municípios que, mesmo com menos de 20.000 moradores, fazem parte de regiões metropolitanas e aglomerados urbanos. Nessa linha, o Estatuto da Cidade, em seu art. 40, § 3°, estabelece que tais planos deverão ser revistos pelo menos a cada dez anos, sob pena de o prefeito incorrer em improbidade administrativa, prevista no art. 52 desse mesmo documento.

A Constituição delegou aos Estados, por meio de lei complementar, a instituição de regiões metropolitanas, aglomerações urbanas e microrregiões, constituídas por agrupamentos de Municípios limítrofes, para integrar a organização, o planejamento e a execução de funções públicas de interesse comum e também regular a gestão e a administração dos Municípios participantes. Para a formação de região metropolitana no Brasil, é necessário: (i) lei complementar estadual; (ii) agrupamento de Municípios limítrofes; e (iii) integração da organização, do planejamento e da execução de funções públicas de interesse comum.

A Constituição Federal de 1988 e o Estatuto da Cidade garantiram, portanto, a descentralização administrativa, por meio da atribuição de maior autonomia aos Municípios, mas não equacionam a forma de gestão pública entre regiões metropolitanas e aglomerações urbanas. Esses documentos delegaram para Estados e Municípios a gestão de problemas comuns, sem, contudo, assegurar a participação da União.

O Estatuto da Metrópole, Lei nº 13.089, de 12 de janeiro de 2015, complementa questões não resolvidas pelo Estatuto da Cidade relacionadas às regiões metropolitanas brasileiras. No art. 1º, o Estatuto da Metrópole apresenta diretrizes para o planejamento, a gestão e a execução das funções públicas de interesse comum em regiões metropolitanas e em aglomerações urbanas instituídas pelos Estados, normas sobre o plano de desenvolvimento urbano integrado e outros instrumentos de governança interfederativa, além de critérios para o apoio da União às ações no campo do desenvolvimento urbano, com base nos incisos XX do art. 21, IX do art. 23 e I do art. 24, no § 3º do art. 25 e no art. 182 da Constituição Federal de 1988.

Já em seu art. 10, o Estatuto da Metrópole estabelece que as regiões metropolitanas e as aglomerações urbanas deverão contar com um plano de desenvolvimento urbano integrado aprovado por lei estadual, sob pena de o governador do Estado incorrer em improbidade administrativa, prevista no art. 21 desse mesmo estatuto, nos termos da Lei nº 8.429, de 2 de junho de 1992. Esse estatuto delega ainda que as regiões metropolitanas e as aglomerações urbanas podem formular planos setoriais interfederativos para políticas públicas direcionadas a elas, sem, contudo, eximir o Município integrante da metrópole ou de aglomerados urbanos de formular seu Plano Diretor nos termos do § 1º do art. 182 da Constituição Federal e do Estatuto da Cidade. Não obstante, em ambos os casos, o Município deverá compatibilizar seu Plano Diretor com o plano de desenvolvimento urbano integrado da unidade territorial urbana, sob pena de o prefeito também incorrer em improbidade administrativa.

À medida que o Estatuto da Metrópole amplia a abrangência do Plano Diretor para fora dos limites municipais, de forma integrada ao plano metropolitano, esse arcabouço institucional trata de imbróglios que dificultavam a execução de uma gestão integrada de problemas e soluções comuns entre os Municípios integrantes de uma região metropolitana, como as questões de saneamento básico (Lei nº 11.445/2007) – que diz respeito a serviços de abastecimento, esgotamento sanitário, limpeza urbana, manejo dos resíduos sólidos e drenagem e manejo das águas pluviais urbanas –, segurança, transportes e mobilidade urbana, entre outras.

Por força da revisão estabelecida nos Estatutos das Cidades, vários Municípios situados em regiões metropolitanas estão nessa fase de revisão, e isso coincide com a necessidade de elaboração do plano de desenvolvimento metropolitano, que deve ser finalizado até 2019. Dessa forma, deve-se alinhar e integrar os planos em revisão a esse plano regional em elaboração, o que proporciona uma oportunidade de discussão sobre a formulação de uma gestão compartilhada de interesses comuns. Talvez a maior dificuldade seja elencar os interesses comuns dos Municípios integrantes, uma vez que não são esses interesses que justificam a composição de uma aglomeração humana ou região metropolitana, visto que elas se dão por decisões políticas. A elaboração de um plano que contemple realidades e aspirações tão distintas é um trabalho no qual o estabelecimento dos objetivos é muito custoso e de difícil consenso.

Tais diretrizes de desenvolvimento precisam ser revistas à luz do Estatuto da Metrópole, que obriga os Municípios integrantes de regiões metropolitanas a compatibilizarem seus planos diretores a um plano de desenvolvimento urbano integrado aprovado pela Assembleia Legislativa do Estado, sob pena de o prefeito e do governador incorrerem em improbidade administrativa.

8.2.7 As novas tendências de integração

Além de atender à demanda por políticas públicas setoriais sob a ótica sustentável, outros dois conceitos igualmente transversais crescem e demandam abordagens específicas no sistema de gestão municipal: resiliência e inteligência. As cidades devem ser sustentáveis, inteligentes e resilientes. Segundo o Escritório das Nações Unidas para a Redução do Risco de Desastres (UNISDR), resiliência pode ser definida como

> a capacidade de um sistema, comunidade ou sociedade exposto a riscos de resistir, absorver, adaptar-se e recuperar-se dos efeitos de um perigo de maneira tempestiva e eficiente, através, por exemplo, da preservação e restauração de suas estruturas básicas e funções essenciais (Campinas, 2017).

O UNISDR promove uma campanha mundial denominada "Construindo cidades resilientes – minha cidade está se preparando", e os Municípios são convidados a aderirem. Observa-se na Fig. 8.5 que 18 das 20 cidades que compõem a RMC participam do programa: Americana, Artur Nogueira, Campinas, Cosmópolis, Engenheiro Coelho, Hortolândia, Indaiatuba, Itatiba, Jaguariúna, Monte Mor, Morungaba, Nova Odessa, Paulínia, Pedreira, Santo Antônio de Posse, Sumaré, Valinhos e Vinhedo. Uma vez feita a adesão, as cidades se comprometem a elaborar um plano de resiliência para o período de 2017-2020. Apenas Campinas e Vinhedo já elaboraram. As ameaças consideradas nesse plano são: inundação, enxurrada, alagamento, deslizamento de terra, tempestade/vendaval, estiagem, epidemia, tornado e transporte aéreo.

Não existe uma definição comum de cidade inteligente, mas segue uma definição disponibilizada pela Fundação Getulio Vargas (FGV): "segundo a União Europeia, *smart cities* são sistemas de pessoas interagindo e usando energia, materiais, serviços e financiamento para catalisar o desenvolvimento econômico e a melhoria da qualidade de vida" (FGV, s.d.). Seria, então, a evolução da cidade digital. Vários pesquisadores utilizam o conceito de *smart cities* como solução para se atingir uma cidade sustentável, o que é logico, pois uma gestão inteligente do território se reflete na economia dos recursos (Abdala et al., 2014).

Por isso, os planos diretores municipais devem contemplar estratégias amplas e integradas, a fim de superarem a oferta de vantagens isoladas para os Municípios e atraírem empresas de setores distintos de forma indiscriminada. Melhor ainda, os planos diretores municipais devem formular ações suprapartidárias para criar soluções convergentes a problemas comuns, com o intuito de valorizar a região de forma sustentável no comércio internacional, diante da economia organizada pelas grandes empresas em redes mundiais de inovação, produção e comercialização de mercadorias (Cappa, 2013).

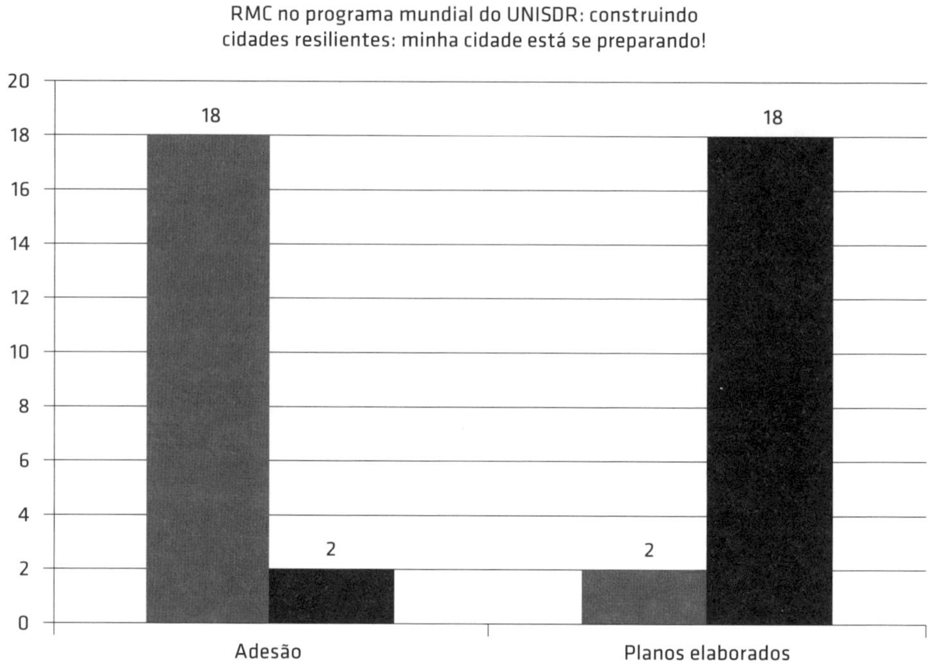

Fig. 8.5 *Participação das cidades da RMC no programa mundial do UNISDR*

8.3 Considerações finais

A gestão ambiental do território mostra-se complexa, dada a necessidade de compatibilização espacial e de governança, sendo intrínseca a temas que transcendem várias áreas, como sustentabilidade e, mais recentemente, resiliência e inteligência.

Os avanços na área vêm sendo realizados em pequenos passos, dados um de cada vez, mas de forma firme e consistente. Não é necessário fazer tudo ao mesmo tempo: um bom planejamento com poucas ações alinhadas e objetivos factíveis, por exemplo, pode produzir excelentes resultados e alavancar outros ganhos. O importante é assegurar que o ciclo de gestão seja constante e contínuo. A execução sem planejamento não alcança bons resultados e gera desperdício de recursos, energia e muita frustração.

Apesar de o cenário parecer desanimador diante de tantos desafios e dificuldades, há um consenso no ambiente da gestão pública e privada: não cabe mais no mundo atual a forma tradicional de gestão. Seja qual for a área de atuação, pública ou privada, a gestão tem que se alinhar com duas frentes que vêm crescendo e que assegurarão competitividade e eficácia: integração e inovação.

Não é mais viável a gestão compartimentada porque é necessário promover a gestão integrada no sentido amplo: integrar instrumentos, integrar políticas públicas, integrar informações e dados, integrar pessoas, integrar os espaços, integrar projetos. Isso vem em resposta à escassez de recursos e de tempo, e ao encontro da otimização de resultados. Dessa forma, a tendência é buscar uma gestão ampla, potencializando ações para promover os resultados. Quanto à inovação, os tempos atuais exigem que os novos gestores e profissionais envolvidos pensem em buscar soluções novas para problemas antigos, adquiram habilidades (*skills*), ampliem conhecimentos, façam uso de tecnologia, sejam criativos e ousados, sem descuidar dos riscos assumidos em cada decisão.

Como última consideração, mas não menos importante, apresenta-se aquele que pode ser o aspecto decisivo em relação à implementação de uma gestão eficaz, com estrutura e instrumentos adequados: a vontade política. Nos cenários nacional e regional, Campinas vem se destacando por buscar o aprimoramento constante na gestão ambiental municipal, apresentando uma evolução qualitativa e quantitativa de gestão – com elaboração de planos, políticas públicas voltadas para as questões ambientais, instituição e aperfeiçoamento de instrumentos, aumento de quadro técnico permanente e qualificado –, e a maior razão desse sucesso foi o papel de destaque que a temática do meio ambiente passou a ocupar no programa de governo ao entrar na pauta política do Município.

Referências bibliográficas

ABDALA, L. N.; SCHREINER, T.; COSTA, E. M.; SANTOS. N. Como as cidades inteligentes contribuem para o desenvolvimento de cidades sustentáveis?: uma revisão sistemática de literatura. *International Journal of Knowledge Engineering and Management*, Florianópolis, v. 3, n. 5, p. 98-120, mar./jun. 2014.

CAMPINAS. Defesa Civil. *Plano de resiliência Campinas 2017-2020*. Campinas, 2017. Disponível em: <https://resiliente.campinas.sp.gov.br/sites/resiliente.campinas.sp.gov.br/files/plano_de_resiliencia_-_campinas_-_2017-2020.pdf>. Acesso em: 26 nov. 2018.

CAPPA, J. *Cidades e aeroportos no século XXI*. Campinas: Alínea, 2013.

CASAROTTO, C. *Análise SWOT ou Matriz F.O.F.A*: entenda o conceito e como colocá-lo em prática. 2018. Disponível em: <https://rockcontent.com/blog/como-fazer-uma-analise-swot/>.

COMISSÃO MUNDIAL SOBRE MEIO AMBIENTE E DESENVOLVIMENTO. *Nosso futuro comum*. 2. ed. Rio de Janeiro: Fundação Getúlio Vargas, 1991.

CONCEITO do ciclo PDCA. [s.d.]. Disponível em: <http://www.timerh.com.br/blog/conceito-do-ciclo-pdca/>.

CONFERÊNCIA Rio-92 Sobre o Meio Ambiente do Planeta: desenvolvimento sustentável dos países. *Jornal Em Discussão*, Brasília, v. 3, n. 11, jun. 2012. Disponível em: <http://www.senado.gov.br/noticias/Jornal/emdiscussao/rio20/a-rio20/conferencia-rio-92-sobre-o-meio-ambiente-do-planeta-desenvolvimento-sustentavel-dos-paises.aspx>. Acesso em: 22 mai. 2018.

DEMING, W. E. *Quality, productivity, and competitive position*. Cambridge: Massachusetts Institute of Technology, 1982.

FRANCISCO. *Carta Encíclica Laudato Si'*: sobre o cuidado da casa comum. Vaticano, 2015. Disponível em: <http://w2.vatican.va/content/francesco/pt/encyclicals/documents/papa-francesco_20150524_enciclica-laudato-si.html>. Acesso em: 6 jul. 2018.

FGV – FUNDAÇÃO GETULIO VARGAS. *O que é uma cidade inteligente?* FGV Projetos. [s.d.]. Disponível em: <https://fgvprojetos.fgv.br/noticias/o-que-e-uma-cidade-inteligente>. Acesso em: 26 nov. 2018.

SACHS, I. *Estratégias de transição para o século XXI*: desenvolvimento e meio ambiente. São Paulo: Nobel, 1993.

SACHS, I. *Caminhos para o desenvolvimento sustentável*. Rio de Janeiro: Garamond, 2002.

TEIXEIRA, S. R. D.; STRUCHEL, A. C. de O. Código ambiental: uma proposta de gestão ambiental para o Município de Campinas. In: CONGRESSO DE MEIO AMBIENTE PAULÍNIA E REGIÃO METROPOLITANA DE CAMPINAS. *Anais*... Paulínia (SP), 2004.

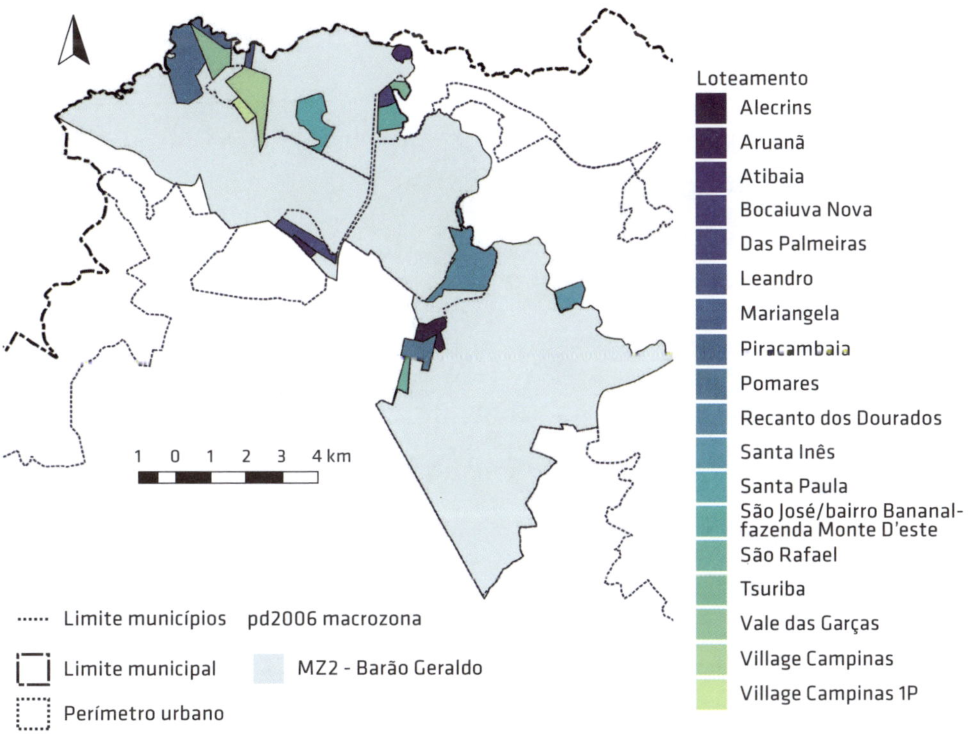

Fig. 4.1 *Área sob embargo*

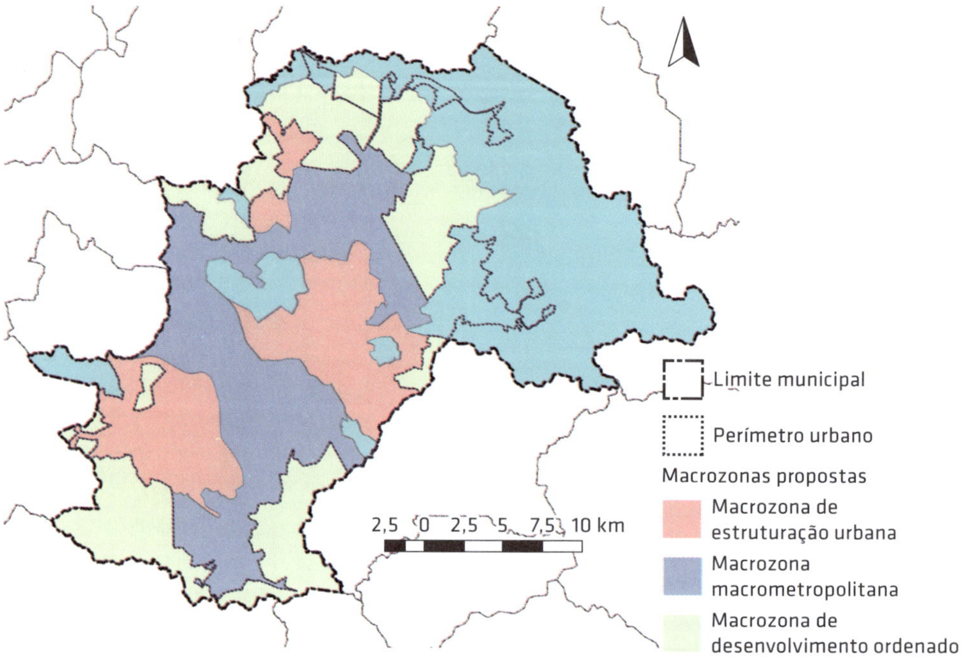

Fig. 4.2 *Mapa do macrozoneamento*
Fonte: Campinas (s.d.).

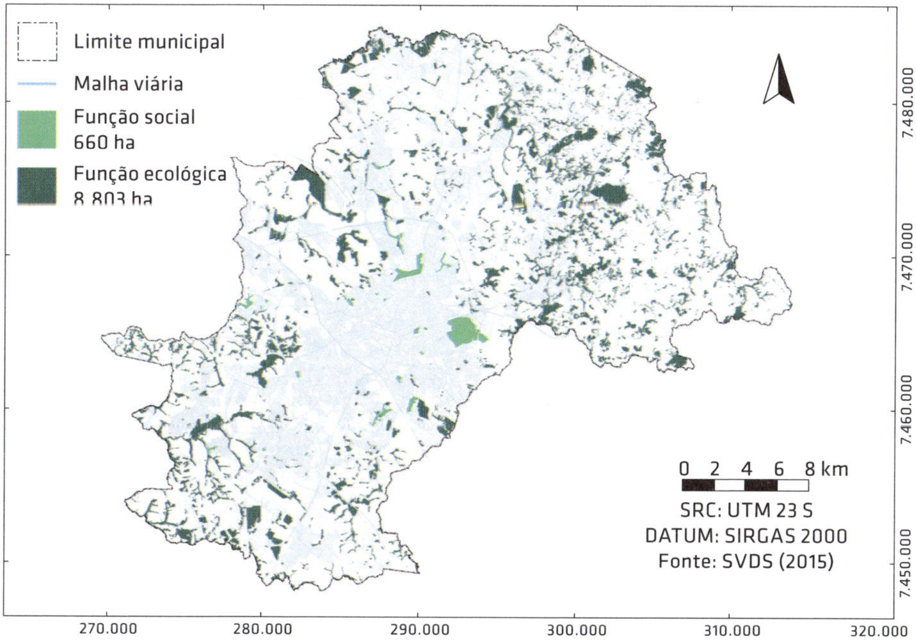

Fig. 5.2 *Áreas verdes de Campinas divididas por sua função social ou ecológica*
Fonte: Campinas (2016).

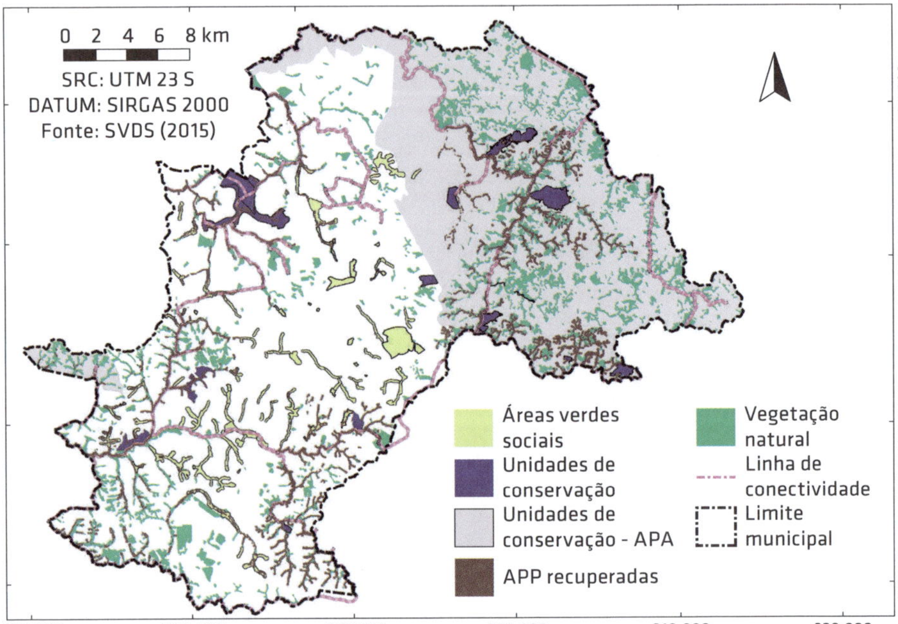

Fig. 5.3 *Sistema de Áreas Verdes e Unidades de Conservação (SAV-UC) do Município de Campinas*

Fonte: Campinas (2016).

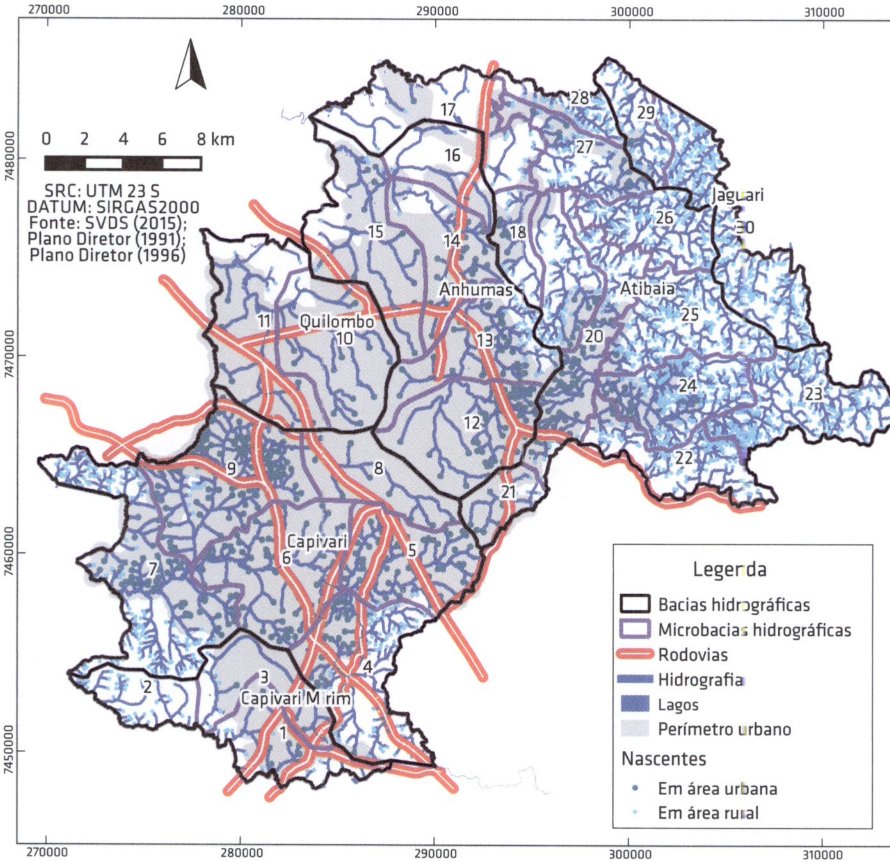

ID	Microbacia
1	do Rio Capivari Mirim
2	do Córrego da Estiva
3	do Ribeirão Viracopos
4	trecho leste do Rio Capivari
5	do Córrego Sete Quedas
6	trecho central do Rio Capivari
7	trecho oeste do Rio Capivari
8	trecho cabeceiras do Córrego Piçarrão
9	trecho foz do Córrego Piçarrão
10	do Córrego da Lagoa/Ribeirão Quilombo
11	do Córrego da Boa Vista/Ribeirão Quilombo
12	do Córrego Proença
13	do Córrego São Quirino/ Ribeirão das Anhumas
14	do Ribeirão das Anhumas
15	do Ribeirão das Pedras
16	do Córrego da Faz. Monte D'Este
17	trecho norte do Rio Atibaia
18	do Córrego do Tanquinho
19	do Córrego da Onça
20	trecho central do Rio Atibaia
21	do Córrego Samambaia
22	trecho Sul do Rio Atibaia
23	trecho 1 do Ribeirão das Cabras
24	trecho 2 do Ribeirão das Cabras
25	do Córrego Faz. das Pedras/Sta. Terezinha/S. Loure
26	do Córrego das Três Pontes
27	do Córrego Cachoeirinha
28	do Córrego Santa Rita do Mato Dentro
29	do Córrego da Fazenda Recreio
30	do Rio Jaguari

Fig. 6.1 *Hidrografia e microbacias hidrográficas do Município de Campinas*
Fonte: adaptado de Campinas (2016).

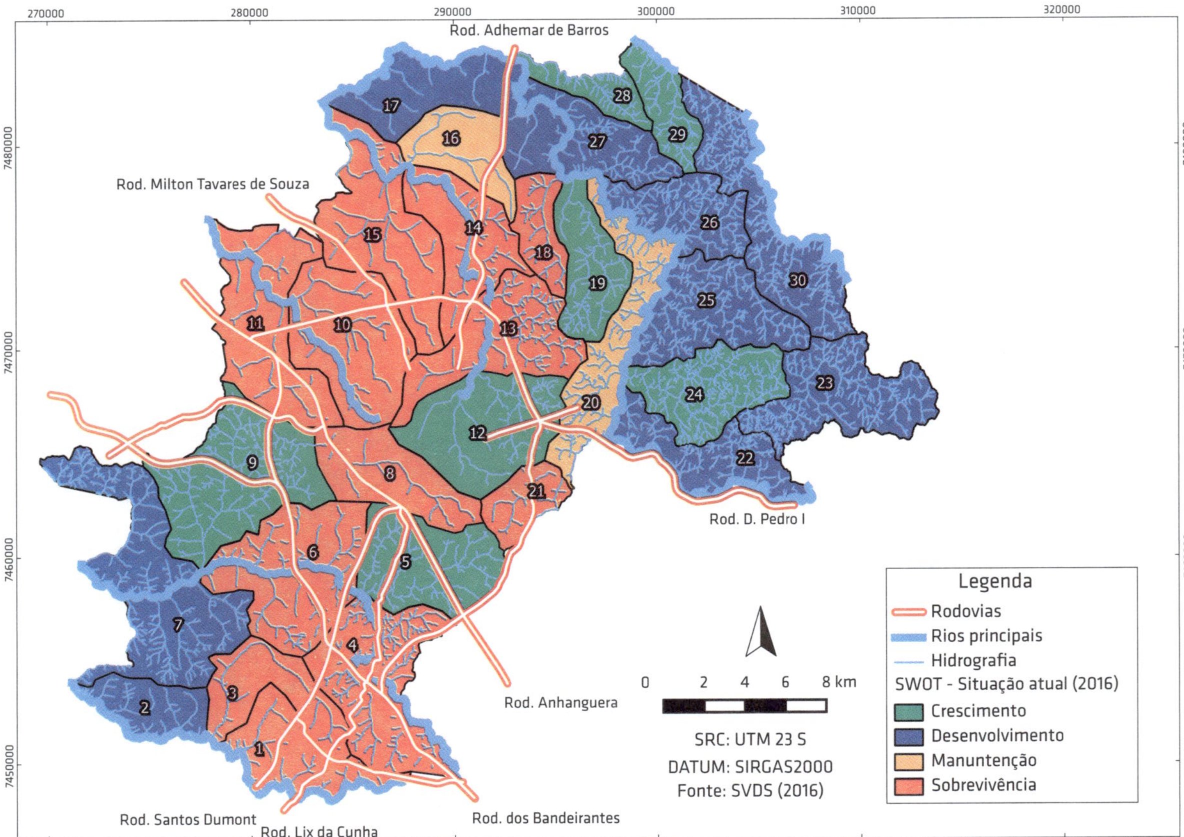

Fig. 6.4 *Cenário real: situação em 2016 para cada microbacia*

Fonte: Campinas (2016).

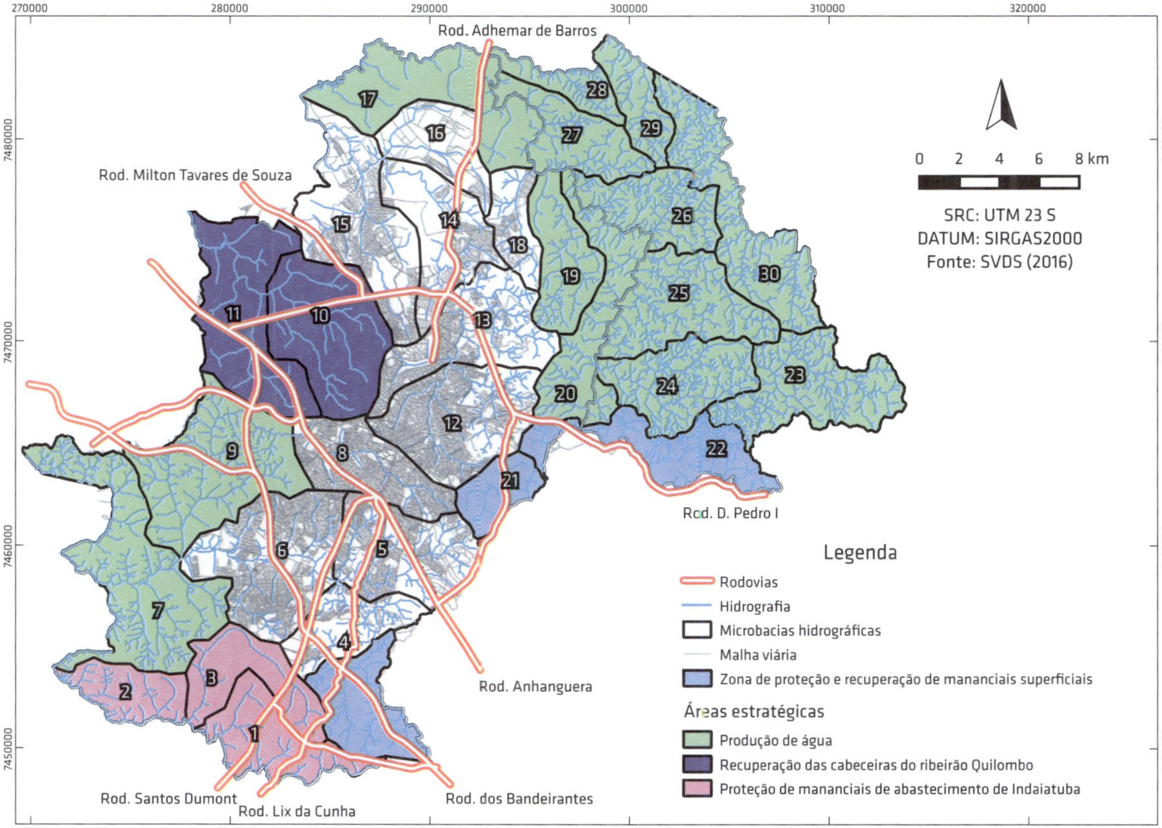

Fig. 6.5 *Áreas estratégicas para a gestão dos recursos hídricos*
Fonte: Campinas (2016).

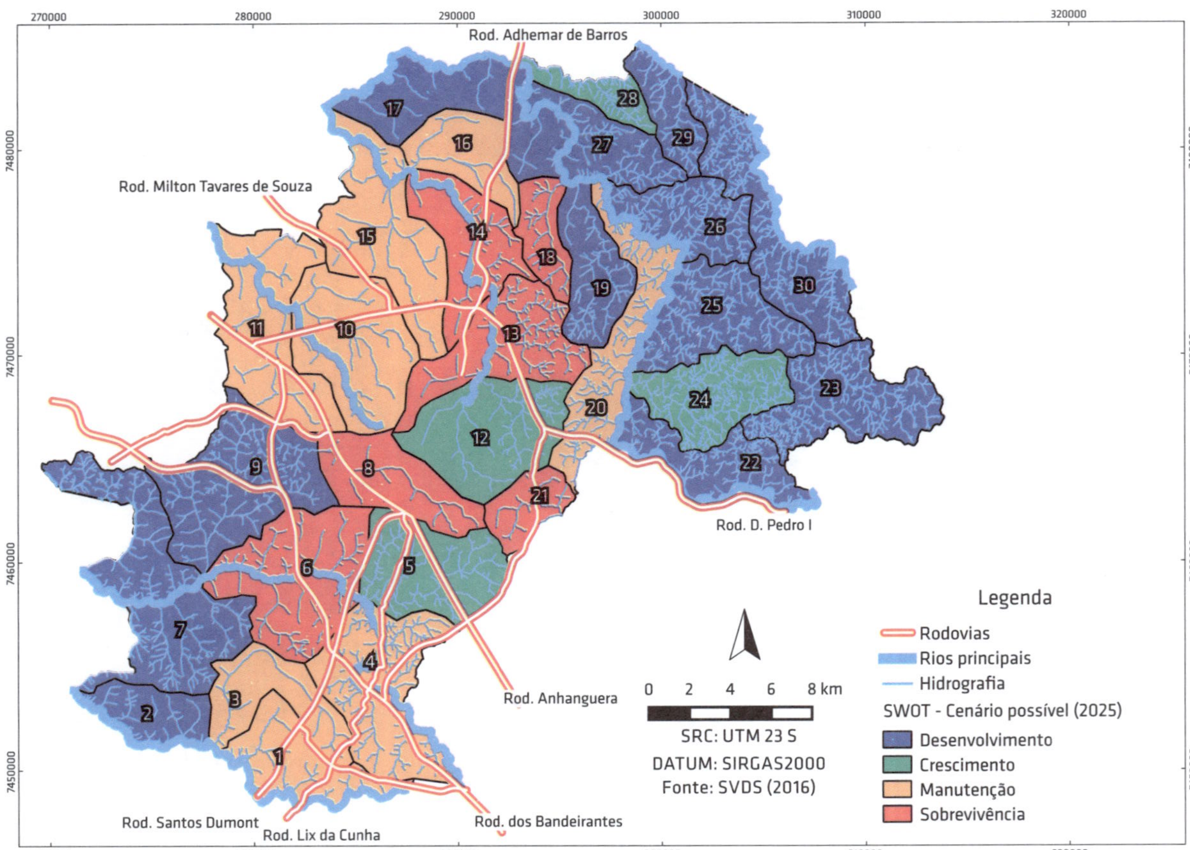

Fig. 6.7 *Cenário possível: situação em 2025 para cada microbacia*
Fonte: adaptado de Campinas (2016).